智元微库
OPEN MIND

成长也是一种美好

掌控

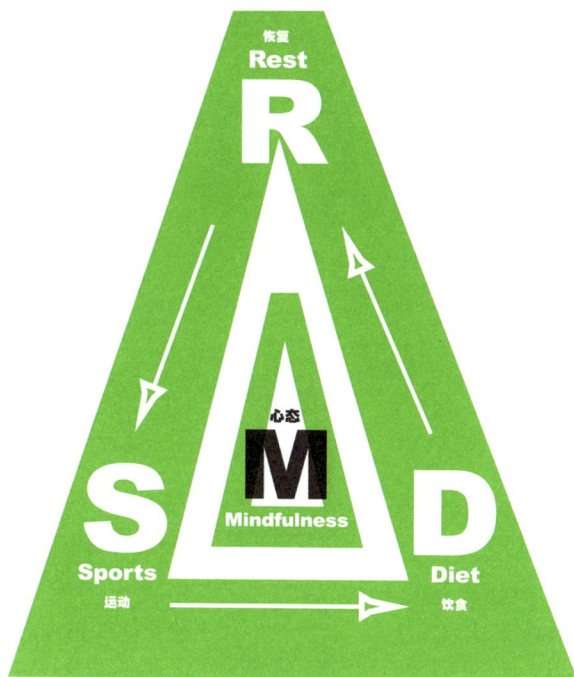

恢复
Rest
R

心态
M
Mindfulness

运动
Sports
S

饮食
Diet
D

（经典修订版）

**重启不疲惫、
不焦虑的人生**

张展晖 著

人民邮电出版社

北京

图书在版编目（ＣＩＰ）数据

掌控 ：重启不疲惫、不焦虑的人生 ：经典修订版 /
张展晖著. -- 北京 ：人民邮电出版社，2024.7
ISBN 978-7-115-64396-4

Ⅰ．①掌… Ⅱ．①张… Ⅲ．①成功心理－通俗读物
Ⅳ．①B848.4-49

中国国家版本馆CIP数据核字(2024)第093840号

◆ 著 张展晖
　　责任编辑 王 微
　　责任印制 周昇亮
◆人民邮电出版社出版发行　　北京市丰台区成寿寺路 11 号
　邮编 100164　电子邮件 315@ptpress.com.cn
　网址 https://www.ptpress.com.cn
　天津千鹤文化传播有限公司印刷
◆开本：720×960　1/16
　印张：16　　　　　　　　　　　2024 年 7 月第 1 版
　字数：180 千字　　　　　　　 2024 年 7 月天津第 1 次印刷

定　价：79.00 元
读者服务热线：（010）67630125　印装质量热线：（010）81055316
反盗版热线：（010）81055315
广告经营许可证：京东市监广登字20170147号

|推荐序|
尊重节律，收获全新的轻松人生姿态

姚乃琳

比拼命努力更重要的，是拥有正确的节律。在几乎所有情况下，如果你无节制地努力，那么，结果可能不只是身心俱疲，甚至还会落下病根，这还不如不努力。

我的高中班级是浙江省理科竞赛班，班里有几乎一半的同学后来都被保送或者考上了清华、北大。这些学霸并不像很多人想象的那样，每天都在拼命地努力学习。实际上，他们每到周末，都会在宿舍里三五成群地组团打牌，到了周一，又会全情投入攻克物理竞赛题中。

在一个乐团里，最重要的，不是滴着汗珠弹钢琴的人，也不是在陶醉中拉小提琴的人，而是看起来好像并没有在做什么的乐队指挥。很多不懂音乐的人，不能理解为什么乐队指挥摆摆手、扬扬小棍子，就能成为乐团的"灵魂"——这里的秘密就在于节律。

大提琴、小提琴、双簧管、钢琴……只有所有乐器按照正确的节律演奏、停止，以正确的时间和顺序组合在一起，才能形成一首输入耳朵、进入大脑后悦耳的曲子。而大脑也有一种生理节律。

《黄帝内经》讲到，"春生夏长，秋收冬藏"，说的就是大自然的节律。对大脑和身体来说，也是同样的道理。比如脑科学研究发现，年轻人的大脑节律更协调，不同脑区的节律彼此配合得更好，所以年轻人有更快的反应速度和更强的学习能力。而大脑神经元发出这种周期性节律信号的能力会随着年龄的增长和大脑的衰老逐渐减弱，大脑的神经元连接也会减少，必要的兴奋和抑制神经节律都没办法恰如其分地发挥作用，于是老年人的思维和行动变得缓慢，词不达意。

在一生中，我们的身体和大脑原部件会持续损耗，也会持续修复，就像作者张展晖在本书中讲的，"成长 = 压力 + 休息"，细胞有压力会受损，也会在接下来的几天中进行补偿性修复和增强，类似"杀不死我的让我更强大"。补偿性修复和增强的过程主要发生在休息阶段，尤其是深度睡眠的时候。如果你只知道一味努力，却忽略了休息和睡眠的修复契机，最终身体细胞大概就只能"被杀死"。

跑步也一样。我从小到大都不怎么喜欢跑步，大概是源于体育课上被逼着跑 800 米的痛苦经历：平时没有进行足够多的跑步练习，一到 800 米考试时，即使喘到肺疼，也被要求在规定时间内跑完。从那时开始，我就对跑步这件事深恶痛绝。直到在耶鲁大学做脑科学研究期间，有一次，一位朋友拉着我跑步，我本来十分抗拒，但他告诉我，跑步速度不重要，没有人和你比赛，你只要按照你自己喜欢的速度来跑就可以。于是，我按照自己的速度跑，跑到喘了，就调整一下，就这样，我人生中第一次轻轻松松跑了上万米。我当晚回到家睡了特别香的一觉，从此以后，我就逐渐爱上了跑步，体能也越来越好。

回国后，我创业做了一款增强成年人脑功能、提升精力和睡眠质量的脑机接口产品，很受欢迎。大家在使用过程中也发现，在大脑被轻度刺激后，自己白天的精力会变好，同时晚上也更容易进入深度睡眠，而且在机器的帮助下越能早睡早起，白天的脑力和精力就恢复得越好。这背后的规律，也是节律。

张展晖的这本书看似主要在讲跑步，实际上在讲人生的底层道理——尊重节律，可持续发展，才更有可能获得方方面面的成功。希望读者读完这本书，不仅能收获正确的跑步方法，而且能收获全新的轻松人生姿态。

|自序|
跨越生命洪流，拥有从容人生

张展晖

我想，正在看这本书的你，可能是一位对良好的健康和精力状态有着强烈追求的朋友。

在这条让自己变得更美好的路上，相信你有过不少困惑吧？比如：做了很多运动，仍然感觉身体疲惫不堪；看到层出不穷的健康理念，不知道该选择哪一个；收藏夹中躺着一堆运动视频和饮食方案，却从来没有打开过……

别担心，我有着和你一样的困惑。而且，解决这些困惑，正是我写作《掌控：开启不疲惫、不焦虑的人生》的初衷。多年来我一直坚信，只要找到有效的方法，每个人都可以掌控自我，精力充沛地过一生。

不经意间，距离这本书首次出版已经过去五年了。在这五年中，很多读者因为这本书发生了巨大的改变：一位 70 多岁的阿姨在按照书中的方法调整饮食并进行提高修复后，每天能睡八小时，神清气爽；一位因早产而身体虚弱的女生爱上了运动，发现了自己身体的无穷潜力；我偶遇的一个帅小伙从零开始训练，后来和我一起完成了半程马拉松……所有这一切都给了我莫大的鼓励。

过去这五年是不寻常的，世界上发生了很多超出我们既往经验范围的事情。和许多人一样，我也曾因周围一切的失控而陷入焦虑彷徨，每天查看各种新闻和消息，希望从中获得某种确定感，生怕被这个世界落下。那段时间我疲惫不堪，因为一旦带着急躁焦虑的情绪做事，人的精力就一定会产生无谓的耗散。我意识到，要从这种状态中走出来，首先要做的就是消除负面情绪，把注意力放在当下。

常年以来，我一直保持着运动的习惯，即使在情绪状态不佳的时候也没停止过。很有趣的是，当我专注于通过运动获取健康时，精神状态也随之发生了很大的变化。就像跑步时，左脚和右脚向前交替迈步的动作，会让大脑认为我有能力不断向前；拿哑铃做手臂弯举时，用手臂把哑铃举起的动作，会让大脑认为我有力量；做平板支撑时，双肘弯曲支撑在地面上的动作，会让大脑认为我能坚持。大脑对运动的"积极理解"，加上运动促进多巴胺、内啡肽等各种激素的分泌，让我变得安心且乐观。

凯文·凯利（Kevin Kelly）说过，"保持乐观，相当于增加 25 点智商"。对现在的我来说，健康和身材只是运动带来的附加品，而改善情绪成了运动最重要的目的。运动让我切切实实地摆脱了有心无力的失控感。

这几年的经历又让我的认知得到了升级，于是在这次的新版书中我主要做了三个方面的修订：一是更正了上一版中的一些错误和疏漏。二是补充了超过万字的全新内容，比如关于压力的解说，如何量化评估压力，如何提高抗压能力，如何改善情绪，如何通过自我支持、自我认知、运动和冥想，找到改善负面情绪、掌控自我的抓手等，这些内容都是我的学员实践过且效果显著的方法，值得重点阅读。三是更新了书中的数据和案例。

最后，感谢每一位看到这本书的读者。希望这本书能陪伴更多的人勇敢跨越生命的洪流，拥有自在从容的人生。

目 录
Contents

第一章
精力管理——万事从零到一的秘诀

第二章

精力运动——20% 的精准投入，80% 的能量产出

第三章

精力饮食——吃对了，抗衰老、不疲惫

第四章

精力恢复——会休息，压力也赋能

第五章

精力心法——变化的世界，不变的原则

精力管理

——万事从零到一的秘诀

实现对自己人生的全面掌控

成为一个精力充沛的人

摆脱有心无力的失控感

当代职场人隐秘的忧患

在做健身教练的近 15 年时间里，我接触过很多精英人士。

他们身上有着不少共同特质，例如行动力强、情绪稳定、敏锐、运气好、高效、专注……他们对充沛的体力和精干的外表都有近乎偏执的渴求。

从健康、身材和外形方面来看，他们中的很多人属于中上之流，个别人更是属于上上之流。即使工作再忙、节奏再紧张，他们在运动上也从来不打折扣。不找借口偷懒，已经恒定地成了他们的生活法则之一。

那么，对他们而言，为什么运动这么重要呢？

我想说说我在某世界 500 强公司的一次讲课经历。

这家公司位于北京国贸三期，工作人员都有着精英范儿，精干得体，体重管理也算是非常成功的，照理说不太需要运动指导。我的课程被安排在某个周五，当天是感恩节，我没有想到的是，在工作节奏很快的这家公司，课程的 50 个名额很快就被报满了。

在柔韧性训练环节，我带着他们做拉伸动作，一拉伸肩膀，一屋子人的关节一起"噼里啪啦"地响，这样的"关节奏鸣曲"我还是第一次听到。

长时间肌肉紧绷到这种状态的他们看似精干，其实都有个"胖子核"——

"胖子核"指的是外形看起来很瘦，BMI（Body Mass Index，身体质量指数，简称体质指数）在正常范围内，但实际体脂率超标的一类人。成年女性的正常体脂率范围是 20%～25%，成年男性是 15%～18%，若体脂率过高，体重超过正常值的 20%，心肺功能、血脂和血压等都容易出现问题。这类人中的大部分都有一个特点：四肢匀称、腰腹肥胖，呈现出我们常说的"苹果形身材"。

在后面的提问环节，我发现他们对运动有着浓厚的兴趣，所提的问题基本上都指向精力状态——如何在高强度的工作中保持持久的续航力。

其中一个女生给我留下了深刻印象。

这个女生负责整个中国区经销商的价格对接工作。她每天早上八点上班，晚上八点下班，平均每天要处理 40 个谈判电话，下班以后整个人的身心基本上处于"被掏空"的状态，所以必须选择一种方式释放压力。她选择的是弹钢琴，从晚上八点一直弹到九点，其间不接任何电话，所有事情在九点之后再处理。

但一天仅有一小时的"释放"时间显然是不够的。

她很焦虑，特别想知道自己到底应该做什么、朝着哪个方向做，才能够使心态更平和、精力更充沛。当时她找不到这种支持，也无法达到更好的状态。

她的诉求很清晰：

在这种压力下，睡眠不足怎么办？

工作应酬中不可能不喝酒，喝了怎么办？

一天平均要接 40 个电话，昏头涨脑怎么办？

在周而复始的工作状态下，怎么知道自己的精力极限值是多少？

身心被掏空怎么补救？怎么保持精力旺盛？

这些问题显然已经不能单纯靠瘦身和运动来解决了。

当我们健身时，
我们想要的究竟是什么

同样的诉求，在我的饱瘦训练营中也有所体现。

在饱瘦训练营中，有 40% 左右的学员的 BMI 处于正常范围，甚至有 1.25% 的学员处于偏瘦范围，真正达到肥胖程度的学员只有极少数。

可他们为什么还要进入饱瘦训练营进行体重管理呢？

我和我的数据营销顾问——全球顶级 4A 公司数据分析总监王泽蕴女士一起，在全国范围内进行了一次历时三个月的减肥市场和人群调研。我们亲自与大量的一线减肥者进行了面对面的访谈，做了大样本的抽样调研，从数据分析角度看到了减肥市场主流人群和我们饱瘦训练营学员的不同（见图 1-1）。

减肥市场主流人群主要以外形更美为目的，减肥的诉求一般是提高对个人形象的自信或提升求职成功率。

而饱瘦训练营学员的首要目的是拥有更充沛的精力，其次是身体健康，外形更美则被排在了第三位。学员们在经过几次迭代方案训练后，变化惊人，对于"瘦身"的诉求更加接近本质。

您减肥的目的是什么?

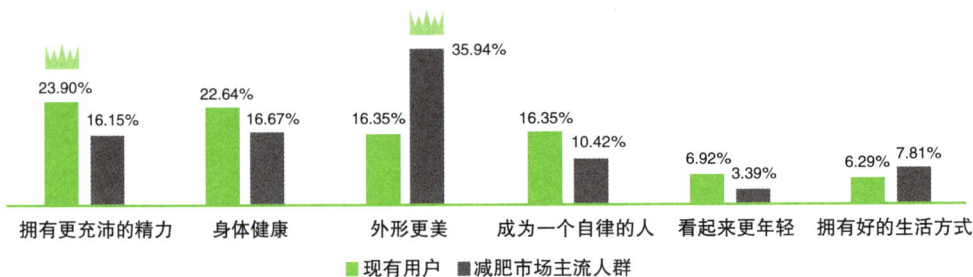

图1-1 饱瘦训练营学员（现有用户）与减肥市场主流人群减肥目的的数据分析

其实，"瘦身"这个词最本质的意义，既不是"变美"，也不是"变瘦"，而是：

实现对自己人生的全面掌控——成为一个精力充沛的人，摆脱有心无力的失控感。

我在和一位心理咨询师朋友交谈时，她告诉我人生就像在一个螺旋中一圈一圈地走，在过程中会体验高低起伏，但终究是按照周期循环的。

随着人生轨迹的改变，每个人的诉求也会发生周期性变化。拿运动健身来说，可能某个周期就是追求肌肉和马甲线，某个周期就是为了保持健康不生病。不过，这些参差多变的诉求背后最本质的导向还是对自己人生的掌控。

其中，能否积极向前并主动穿越周期是关键。积极主动靠的是什么呢？我认为是稳定的情绪状态的支持。这也是长期、科学、系统地坚持精力管理的内在基础。

什么是碎片化时代的
核心竞争力

美国运动医学会（American College of Sports Medicine，ACSM）给出过这样一个健康体适能概念——

> 每天能有足够的精力去工作和学习，有余力享受休闲活动，能积极应对突发身体状况。

对当代人来说，这是一个非常高的要求，可以说是很多人梦寐以求的体能状态，而这个概念的核心词就是"精力"。

那么，该如何定义"精力"呢？

我认为，精力包括身、心两个层面，包含体力、专注力、意志力等多个维度。

在这个信息爆炸、竞争激烈的全球化时代，谁的体力充沛、专注力和意志力强，谁在竞争中胜出的概率就会大大提高。要做到这些，不做精力管理和规划，就是空谈。

怎样才算做到了精力管理呢？

主动且全面地掌控自己的体力、专注力和意志力，让自己长期保持收放自如的状态，有可持续的信心和能力去应对挑战和变化，这就做到了精力管理。

请注意，在这个定义中，特别强调的三个字是"可持续"。

一时的精力充沛不难，不做精力管理也可以实现。但让精力在短时间内达到峰值、之后又跌到谷底，或靠外在的短暂刺激获取一时的巅峰状态，都不是精力管理的正确方式。

记得我在体育学校篮球班时，我们班要和田径班比赛800米长跑。我们班的参赛同学在听到枪响后就飞奔出去，速度和短跑的速度一样快，前400米遥遥领先于田径班的同学，可是因为前面跑得太快，身体能量消耗过大，在后400米赛程里，速度一下子慢了下来，被田径班的同学轻松超过。

为什么会发生这种情况？

因为我们班的这位同学没有管理好自己的体力。

精力管理也是一样的道理。

精力需要管理，需要规划使用，因为它在一定时期内是有限的、流动的，表现会有高低起伏。如何做到更加平稳地使用精力？如何使它的分配阈值更高？如何在精力管理中给自己赋能？如何让精力用之不竭、生生不息？……这些都是精力管理需要解决的问题。

最自律的运动员却最早出局

在讨论正确的精力管理方法之前，我们先来看一看自己曾经陷入过哪些误区。

很多人认为运动是一件很简单的事，经常锻炼身体会让身体变强、让精力状态变好，殊不知，如果运动的强度、时间、方式不对，可能会适得其反。

我曾经在老家的省体育运动学校接受专业篮球训练。

当时我所在的体校篮球队大概有 20 人，都是从全省各个城市的初中和高中选拔来的体育尖子生，其中有个队员让我印象深刻。

他是我们篮球队的队长，身高大概 180 cm，在我们一群人中并不算出众。但是训练起来他比谁都认真，比谁都能坚持。教练让做 30 次蛙跳，他能做 50 次；教练让跑 5 组折返跑，他能跑 7 组。队员们都叫他"拼命三郎"。我真的很佩服他，我每次体力不支想躺在地上的时候，都能看到他还在咬牙继续训练。我当时觉得，他这么努力，一定有机会进入国家队。

可是三年后，他回到老家的县城小学当了体育老师，并没有去成国家队。为什么呢？因为在训练场上的努力并没有让他的身体变得更强，反而是过度训练让他的膝关节频繁受伤。手术费用加重了家里的负担，他只好放弃了篮球梦。

可见，错误的训练方式并不能让身体更强，也不能让人的精力状态更好。

后来，我在参加了阿迪达斯全明星训练营后，才了解到美国的 NBA 运动员和国内运动员的训练逻辑是完全不同的。阿迪达斯全明星训练营把全国的 40 名优秀青少年篮球运动员集中在一起，进行为期几周的训练，由国内教练和国外教练一起担任教练员。

其中一次体能训练课的内容是折返跑，从罚球线到底线来回折返五次。

国内教练往往会不断地强调速度，但是我怎么跑也无法超越之前的速度。

这时，来自美国的教练对我说："你需要动脑，算算自己跑到罚球线一共用了几步，怎样用最少的步子、最少的消耗，正好跑到折返的位置再返回，一步也不要多。你要学会减少消耗和优化效率。"

当时我并没有完全理解这句话，但照着做了，发现速度确实加快了。之前我不会考虑怎样节省体能，认为跑得越多就越有效，后来才渐渐明白，原来 NBA 球员不光体能好，他们还知道怎样减少无用的消耗。所以，在比赛时对体能管理得更为合理，效率就更高。

滑雪运动员谷爱凌的例子更能说明这一点。谷爱凌的日常生活是：平时在学校学习，学习期间抽空做一些体能训练，周末进行滑雪训练。在训练的间隙，她又会见缝插针地做一些和学习相关的事情。很多人可能觉得同时应对紧张的学业、密集的赛程以及商业活动，是无法持久的，但谷爱凌认为这种多样且平衡的生活方式，避免了在某一方面过于疲劳，这正是自己成功的重要因素之一。

这些从运动员的角度对精力管理的理解，对普通人也同样适用。

我的一位朋友在一家知名创业公司工作，一直保持着良好的运动习惯。从去年开始，他希望自己的精力状态更好，就加大了运动强度，健身教练要求他每周去健身房五天。但是半年后，他非但没有变得更有精力，反而感到越来越累，特别是健身后的第二天，会感觉更加疲倦。

直到有一天，在进行过量训练后，他一不小心把脚踝扭伤了，不得不彻底休息。

我见到他时正好是他养伤的第二周，他问我："怎么感觉在受伤不用训练后，我的状态反而更好了呢？"我对他讲了训练强度和休息之间的关系，他才明白并不是训练强度越大越好，科学正确的训练方式因人而异，用对了才会让人感到舒适，并让精力得到恢复。

所以，我们应该明白，身体状态和精力状态变好不是因为高强度运动，科学的运动方案才是让身体状态和精力状态变得更好的重要原因。

拳头收回来，
才能更有力地打出去

在近几年做教练的过程中，我发现有一种极端化趋势越来越明显，大致分为两类情况。

一类是学员平时完全不运动，做一个卷腹，或者一个臀桥，就全身疼痛。这类人平时上下班全靠交通工具，工作之余基本是"躺平"状态，心肺功能、体脂率等身体指标越来越差。

另一类是学员疯狂运动，有的学员甚至为了方便自己训练，直接开了家健身工作室，50多岁的年纪每天训练两次。起初身体感觉越来越好，但一年半以后，由于甲状腺功能减退，她胖了好几圈。原因是运动强度过大造成了身体内分泌紊乱。

要么几乎不运动，要么过犹不及，这两类极端情况带来的负面效果，印证了我们在劝别人休息时常说的一句话："不会休息就不会工作。"

那么，怎样休息才是科学的、有效的？

我们来看一个概念——超量恢复。

超量恢复是运动学的基础理论，指的是运动员或普通人在经过一次训练后，体能水平会逐渐下降，之后经过饮食和睡眠的恢复，体能水平逐渐上升，甚至超过原先体能水平的情况。

如图 1-2 所示，在训练后，我们的体能会下降，身体需要经过一段时间才能恢复到原来的体能状态，然后逐渐超过之前的体能水平，获得超量恢复。如果没有继续加大训练量，我们的体能水平又会回归原本的状态，丧失"超量恢复效应"。

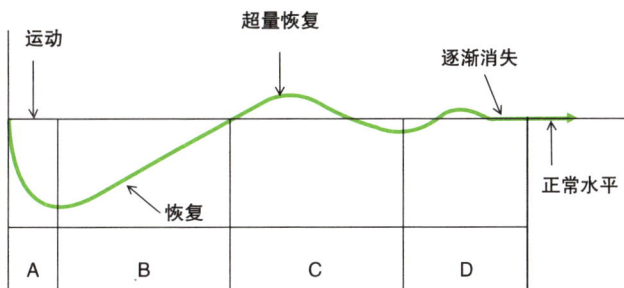

图 1-2　超量恢复示意图

（注：本图选自 Tudor O. Bompa, G. Gregory Haff. *Periodization: Theory and Methodology of Training, 5th ed.*）

假如我们不等身体恢复好就继续训练，体能水平就只会进一步下降，这种情况就是过度训练。

超量恢复和过度训练之间最重要的区别就在于身体恢复得是否充分（见图 1-3）。

当我们持续、规律地运动时，如果没有足够充分的恢复时间，我们的身体机能就不会逐步上升，反而可能逐步下降（见图 1-4），其表现包括食欲不振、注意力不集中、疲惫、训练时兴奋度不足、运动表现下降、性欲下降、睡眠质量差等。

刺激

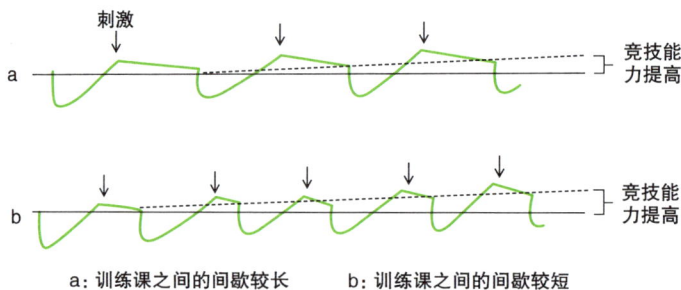

a：训练课之间的间歇较长　　　b：训练课之间的间歇较短

图 1-3　整体训练效果

（注：本图选自 Tudor O. Bompa, G. Gregory Haff. *Periodization: Theory and Methodology of Training, 5th ed.* ）

最大刺激

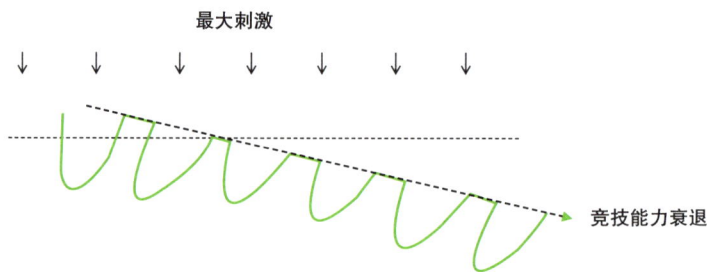

竞技能力衰退

图 1-4　过度训练的后果

（注：本图选自 Tudor O. Bompa, G. Gregory Haff. *Periodization: Theory and Methodology of Training, 5th ed.* ）

这个原理同样可以被应用到我们的精力管理中。

用超量恢复的方式，让精力始终处在盈余状态，而不是入不敷出状态，这是让人变得更强大、精力始终充沛的关键。

《状态的科学：怎样稳扎稳打地持续进步》（*Peak Performance: Elevate Your Game, Avoid Burnout, and Thrive with the New Science of Success* ）一书的两位作者布拉德·斯图尔伯格（Brad Stulberg）和史蒂夫·马格内斯（Steve Magness）为了了解怎样才能更好地休息和工作，研究了各领域的巅峰表现者可持续的做法。他们发现了一个公式：成长＝压力＋休息。这也同样印证了超量恢复的重要性。

掌控
重启不疲惫、不焦虑的人生（经典修订版）

世界上有聪明药吗

为了保持精力旺盛，人们会在运动健身之外走一些捷径。拥有充沛的精力和保持专注力有密切的关系，这些走捷径的人，都会先在获得专注力方面动脑筋。

在美国，一些大学生会使用一类叫作"聪明药"的药物来提高专注力和记忆力，甚至一些专业人士也在偷偷服用此类药物。

曾有临床试验让服用这类药和没有服用的人一起做磁共振成像检查，对比发现，两类人的大脑状态区别非常大。服药者的大脑几乎全部处于兴奋状态，而未服者的大脑中只有少数区域处于兴奋状态。

大脑长期处于兴奋状态会怎样呢？

就像很多人在熬夜后或者精神疲惫时，会喝一杯浓浓的咖啡或服用含有高剂量咖啡因的药物，让自己拥有短时间的高效状态一样，时间长了，这些人就会对咖啡或药物产生依赖。之后可能会产生焦虑、抑郁、失眠等副作用，继而还可能出现肥胖、血压紊乱、心脏病或者不育等身体反应。

专注力是非常稀缺的资源，也是保证精力旺盛的一种重要能力，但靠外界刺激获得，是对精力的一种耗散，而不是生发。同样地，我们提到的体力、意志力等其他精力维度，都需要在一定时段内出入平衡，才可能用之不竭。用过度刺激、拔苗助长的方式获得精力，不是长久之计。

为什么有人高开低走，
有人笑到最后

讲到精力管理不善，不得不再次提到《状态的科学》的两位作者，他们都是在年轻时期就"走上人生巅峰"的精英人士。

马格内斯曾经是一位特别有潜力的运动员，是美国历史上跑得最快的几个高中生之一。他为了成为一名伟大的运动员，痴迷于训练，要求自己必须每天晚上十点睡觉。别人谈恋爱时，他在训练；别人过节狂欢时，他在训练；别人还在睡梦中时，他已经早早起床训练。他几乎不是在训练，就是在去训练的路上，所有时间都花在了精益求精的训练中，自控力极强，什么意志力、专注力，根本就不在话下。所以他成绩斐然，最好成绩是曾在青年运动员中排名世界第二。历史上曾有人认为人类不可能在四分钟之内跑完一英里（1609.344 米），而作为高中生的马格内斯在一次关键比赛中，跑完一英里的用时仅比四分钟多出了几秒。这是他人生的巅峰时刻，之后他始终没有突破这个成绩。

斯图尔伯格从小就爱钻研经济学，他放弃了各种娱乐活动，每天都会阅读大量经济学书籍，还有《华尔街日报》（ *The Wall Street Journal* ）、《哈佛商业评论》（*Harvard Business Review*）之类的经济类刊物。他一毕业就进入了大名鼎鼎的麦肯锡公司（McKinsey & Company），工作期间比之前更加努力，自己总结出一套在 12 分钟内完成刷牙、洗澡、刮胡子、穿衣服的高效流程，每天披星戴月地工作，迅速成为行业新星。他曾研究出一个医保数学模型，几乎无懈可击。不到 24 岁，他就被选进白宫，为总统出谋划策。当时他相信自己的上升之路刚刚开始，自己的工作很快就能影响国家政治决策，但事实上那是他最后一次职务升迁。

斯图尔伯格和马格内斯的经历非常具有代表性，他们堪称卓越，极其高效。自律性高、意志力强、擅长规划、目标感足、专注投入……这些品质他们都有，他们的内在天赋和外部环境都很好，他们也取得了常人难以企及的成绩。

但是，他们都在还很年轻时的某一刻，突然不"玩"了。

也许是因为太累，累到"玩"不下去的程度；也许是因为事业发展到了一定高度，心力损耗到不想再继续。不论是什么情况，他们早期加速进步，之后这种势头却变得不可持续。

这种不可持续看上去似乎是意志力的丧失，究其根源则是在心理层面找不到可持续的动力。我在饱瘦训练营中遇到的很多无法坚持训练的人，也是出于同样的原因。要想获得源源不断的精力，我们所需的心理支持是无法忽略的。

总而言之：（1）运动为精力赋能，可以提高精力系统的使用效率，让精力系统运转得通畅而灵活；（2）饮食是精力原料的生化入口；（3）恢复活动可以修复精力的系统性损耗，让整个系统保持流畅；（4）心态和认知则是精力边界划定的管理者，是精力管理的核心力量和出发点。

精力管理就从以上四点入手。

朴素的精力核心算法

运动员是一个对巅峰表现要求很严格的群体，因为他们在不断地挑战人类的极限，所以从运动到饮食、从休息到心态，都需要进行严格且科学化的管理，才能保证持续旺盛的精力。

例如运动，专门研究分解动作的专家们会从人体力学的角度最大限度地减少阻力，提高动作效率，提升耐力值。尼可拉斯·罗曼诺夫（Nicholas Romanov）曾经提出过这样一个观点：运动并不是用蛮力，而是借助重力。例如，骑自行车时，腿部只是支撑点而不是发力点，发力靠的是身体重心的左右位移，用重力带动双腿轮流下踩踏板，自然向前移动（具体动作详见图 1-5）。与传统的腿部发力相比，这种方式更加省力、高效，所以，我们也会发现现在的自行车运动员的腿部比以前的运动员细了很多，就是因为前者改变了发力方式，而这种方式更加节省体力，可以让运动员骑得更快、更远，精力使用效率得到了大幅提升。

图 1-5　骑自行车的方式

（注：本图选自 Nicholas Romanov. *Pose Method of Triathion Techniques.*）

例如饮食，许多运动员都会配备一个专业营养师，什么时候燃脂、什么时候燃糖、饮食中蛋白质含量多少、每天是减少还是增加碳水化合物的摄入量，都有测量依据，不是一句"低碳高蛋白饮食"这么简单的。

再如休息，康复训练师也是运动员团队的标配，快速恢复状态始终是运动员群体最大的专业需求之一。流行一时的筋膜按摩和埃隆·马斯克（Elon Musk）曾在访谈中随手拿出的泡沫轴，都是最早被运动员用于恢复状态的器械。

由此可见，精力管理不是通过某项单一行为实现的，而是由各部分因素组成的系统完成的。回到我们普通人身上，精力管理的具体方法，由以下四个维度组成。

1. 运动管理。找到身体的舒适区，让精力蓄水池里的水时刻保持流动状态，让精力系统保持良性、高效运转，为精力赋能。

在这一维度中，通过分析最大摄氧量（VO₂ max）、心率、疲劳指数、压力程度等指标来规划适合你的个性化运动方案，不再以"勤学苦练"、出汗多少为尺度衡量运动的效果，确保精力在运动中生发而不是无谓地耗散。

2. 饮食管理。为精力转化系统提供"燃料"，是最基础的精力管理方式。

饮食管理可以分为很多层面，例如分清优质饮食和劣质饮食、分清好的搭配和不好的搭配、分清自己具体需要的饮食量是多少。把这些层面上的管理都做好，才算得上是指向精力管理的饮食管理。

3. 休息管理。激活身体的复原机制，找准身体的精力潮汐。

会休息才会工作，"活出自己想要的人生 = 休息 + 工作"。在许多人眼中，传统意义上的休息就是睡觉、娱乐，但事实上休息分为主动休息和被动休息。休息好了，对精力的改善是让人意想不到的，可以将精力系统保养得更好，让专注力、体力、意志力得到明显提升。

4. 心态管理。想清楚自己到底要什么。

我的精力该用于哪些方面？什么在损耗我的精力？我想掌控什么？我想成为一个什么样的人？

想明白了这些问题，已有精力无论多少都可化零为整，使用精力时，也会更加专注，能够快速找到突破口，减少无谓的耗散。

以上四个维度，每　个都很重要。

这四个维度的管理应该是一个齐头并进的过程。

我们追求的不是最快地达到一个状态值，而是逐步提升并保持在高点上。

我们要的不仅是走到高点，而且是轻松舒适地到达高点。

来吧，让我们一起开启精力充沛的人生。

第二章

精力运动

——20% 的精准投入，
80% 的能量产出

运动健身的本质诉求

是在高强度工作中游刃有余

在工作之外还有精力享受生活

追求傲人的马甲线，
还是旺盛的生命力

说到运动给人带来的益处，我们脑海里浮现的大多是一些人通过运动拥有的八块腹肌或马甲线，好像体形越美，身体越健康。我以前也这样认为，觉得运动的根本目的是身体健康，而肌肉越多越有利于健康，所以运动的首要目标就是锻炼出肌肉。我在健身房做健身教练时，每天上课的内容就是带领学员锻炼不同部位的肌肉，自认为这是对学员最切实的帮助。

可是后来有一件事，让我对此产生了怀疑。

有个朋友曾经对我说，他在做了大量的运动以后，感觉身体更加疲劳，失眠更加严重，以至于工作效率更低了。

可能你也经常去健身房运动，在大多数情况下，健身教练都会为你设计一套运动方案。这套方案一般包括什么呢？一是举铁，就是在推胸机、划船机这类器材上练习；二是跑步。通常就是这两项内容。按照这个方案运动了一段时间后，你可能并没有感觉到身体发生了明显的变化，甚至会觉得比运动之前更累，就像我那位朋友一样。

这是为什么呢？举铁、跑步这样的运动方式，到底能不能让你的精力更充足、身体变得更好？如果不能的话，你去健身房到底是为了什么？

所以，我认为，在运动之前，首先应该弄明白自己运动健身的目的是什么。

关于运动健身的目的，我在看到美国运动医学会给出的健康体适能概念时，茅塞顿开。

健康体适能是体适能评测内容之一，它明确规定了身体成分（人体内各种组成成分的百分比）、肌肉力量（肌肉产生的最大力量）、肌肉耐力（肌肉持续收缩的能力）、柔韧度（在无疼痛的情况下，关节所能活动的最大范围）、心肺功能（心肺系统发挥作用的能力）等不同身体要素的评测方法和相关的训练标准。

其实，运动健身的目的，不正是如此吗？在高强度工作中游刃有余，在工作之外还有精力去享受生活，这才是运动健身的本质诉求。

我曾经问过得到 App 创始人罗振宇老师："您想通过运动达到什么目的？"他说："其实我不想变得很瘦，我最需要的是每天都能精力充沛地去工作。"对罗老师来说，当他需要长时间录制节目或者站在舞台上演讲时，能够有充足的精力支撑他完成这些高强度的工作才是最重要的。对他来说，这一点比拥有健美的体形重要得多。

但是，现在很多人的状态是，结束一天的工作回到家中，就根本不想动了，只想瘫在床上睡觉。为什么会这样？怎么解决这个问题？在这样的情况下，还要跑步、举铁吗？这些都是我们应该去考虑的问题——怎样评估我们的身体情况？选择什么样的时间运动？选择什么样的方式运动？

心肺功能决定一切

如果把肌肉力量、肌肉耐力、身体成分、柔韧度、心肺功能这五项身体要素按照重要性排列，正确的顺序是这样的：心肺功能 > 身体成分 > 柔韧度 > 肌肉耐力 > 肌肉力量。

这个排序是不是和你之前的认知不一样？跟随健身教练运动时，大多数健身教练都会说（之前我也是这么说的），要想少生病、促进新陈代谢，全得依赖肌肉。可为什么在这个排序中，反而是心肺功能居于第一位呢？

心脏和肌肉的关系就像发动机和零部件的关系，如果心脏这个发动机出现了问题，那么，再好的肌肉零部件都无法工作。

我以前一直以为最贵的康复是关节部位的康复，其实，心血管系统的康复比关节部位的康复更为昂贵。

在我国，心血管疾病的死亡率排在所有致命疾病的首位，可以说这就是一扇生死之门，掌控生死的系统当然是最重要的。

2003 年，日本做过一项大规模的疾病筛查，数据结果显示，慢性病和心肺系统功能之间有着密切的关系。心肺功能较好的人群患高血压、糖尿病等慢性疾病的概率明显低于心肺功能较差的人群。

可见心肺系统的健康程度直接影响身体的健康程度。此外，心肺功能还左右着危急时刻的治疗优先权。

一位好朋友的奶奶80多岁，不小心摔倒了，经诊断是髋关节骨折，要去医院做手术。手术排期时，朋友的奶奶被安排在一位70多岁爷爷的后面。可是后来，朋友的奶奶反而先做了手术。一打听，原来那位爷爷的心肺、血压等各项测试指标都不合格，很容易在手术中出现脑出血、心肌梗死、高血压危象等意外，手术还可能引起非常麻烦的内科病，甚至出现其他危及生命的情况。而朋友的奶奶术前检查的各项指标都不错，所以优先做了手术。

说完排名第一的心肺功能，我们再来了解一下其他四项身体要素。

第二项是身体成分。这个成分包括身体中的脂肪成分和非脂肪成分（肌肉、骨骼、水分和其他脏器等）两部分。把身体重量和体内的脂肪含量控制在合理范围内，可以明显减轻心血管系统的压力，否则就像小马拉大车一样，会非常费力，甚至根本拉不动。

第三项是柔韧度。在日常生活中，后背痒时能不能把手伸到痒处挠一挠，手臂能不能抬起来拿东西，走路遇到坑时能不能把腿抬得足够高迈过去，这些都是我们经常遇到的需要柔韧度的场景，和生活质量密切相关。

第四项是肌肉耐力。走路时背着包、拎着东西或抱着小孩，都靠肌肉耐力来支撑。像抱小孩这个举动，重点是抱多长时间，而不是能不能抱得起来，考验的是肌肉耐力。

第五项也是最后一项，是肌肉力量。比如上举的肩关节力量训练方式，确实会让肩膀的线条变得漂亮，但我们平时用到上举动作的机会并不多，可能只有在飞机或者火车上，需要把行李举过头顶放到行李架上时才用得到。

所以，肌肉力量训练不应该被列为运动健身的首要事项，而心肺功能的训练才是最重要的。提升心肺功能有一举多得的效果，它不单单有利于人体心肺系统的健康，而且对其他身体要素都有好处。比如，在锻炼心肺功能的同时，也可以减少身体脂肪、提高身体的柔韧度、提升肌肉耐力并加强肌肉力量。

高强度运动，
通常避不开疾病和伤痛

一说到心肺训练，有人首先想到的运动项目就是跑步。在这里，我要提醒大家：对平时不运动的人来说，高强度的训练并不是锻炼心肺功能的最佳选择；突然开始高强度的训练，反而容易引起心脏问题。

心肺功能的训练，需要循序渐进地进行。

对平时有运动习惯的人来说，随着运动强度的增加，血压也会上升，但可以保持平稳状态。而平时不运动的人在突然进行高强度运动时，随着强度的增加，会出现嘴唇发紫等症状，这是血压低、心脏供血不足引起的，严重时可能导致猝死。所以一定要小心，避免出现这种情况。

2009 年，我刚刚开始从事健身教练工作不久，当时也认为运动强度越大，运动效果会越明显。有一次，我正在带着一名学员训练，十分钟之后他的嘴唇变成了紫色，我赶紧让他躺下来喝了杯水，幸好过了一会儿他缓过来了，最终没有酿成大祸。我也是从那个时候起，开始关注身体素质和运动健身之间的关系。之后我接触的知识越多，才越知道当时那种情况的危险性有多大。如果你在运动时出现了呼吸困难、嘴唇发紫、头晕耳鸣、恶心、胸痛、面色苍白等症状，一定要高度警惕，千万不要继续运动，而要坐下来休息一会儿，让身体慢慢恢复。

心肺功能的训练，还需要安全地进行。

很多人以为，改善心肺功能就要进行高强度的运动，比如举铁。殊不知，当你走进健身房、选择了举铁的运动方案时，或许就已经错了。首先，器械练习这种高强度的运动并不能帮你改善心肺系统。其次，如果你天生心肺功能比较弱，一上来就从高强度运动开始训练，可能会引发突发性心脏疾病，是非常危险的。

普通人并不需要加大强度去锻炼，并不是像有些人在网络上看到的那样，要把自己"虐"得特别惨才会有效果。为什么很多人购买了私教课之后经常坚持不下来？就是因为运动强度对他们来说太高了。

但一些教练为了让学员认为私教课的费用花得值，会不断地加大运动量，让学员以为运动强度高就会有效。实际上这样做往往会有反效果，因为很少有人喜欢痛苦的感觉。教练的作用，不只是监督和鼓励，还包括根据学员的身体素质确定科学的、个性化的运动强度和运动周期。

安排得当的运动量会让你感到稍微有点挑战性，运动结束做完放松后，会让你觉得全身舒服和通畅。这才是我们提倡的循序渐进的运动方式，在运动之后你仍然有精力进行下一项工作或活动，而绝不是在运动之后疲劳万分，回到家只能一动不动地躺在床上。

在不了解自己心肺功能强弱的情况下，一开始就做高强度运动，例如跑步、举铁，会有哪些具体的风险呢？

运动猝死

在 2019 年 10 月 20 日这一天，全国各地有 40 多场马拉松赛起跑，其中有两名选手先后猝死。一名选手是在龙口国际马拉松的半程赛道处，另一名选手是在荆州国际马拉松比赛距离终点 100 米处。他们出现的症状是突然倒地、心跳停止、呼吸微弱、瞳孔放大。现场的医疗人员及时对他们进行了心肺复苏和电除颤，但都没有抢救成功。

为什么这两名选手会猝死？因为在人体的体能消耗接近极限时，心跳速度更快，体内氧气供应不足，二氧化碳排不出去，容易引起心肺功能衰竭，出现心搏骤停的情况。这是最应该提前预测并避免的悲剧。

这种猝死的风险不单单会发生在刚开始尝试运动的人身上，有运动经验的人也会面临这种风险，而且往往危险性更高。因为他们更容易忽略身体不适的征兆，认为自己的身体无论在什么状态下都能够适应高强度的运动，以至于因为大意而使悲剧发生的概率更高。

这里要特别提一下马拉松比赛。跑马拉松对人的身体素质和科学严格的训练有很高的要求，所以选手务必要选择适合自己的强度。如果选手选择的强度超标，耐力不够支撑到终点，情况轻微的可能会晕倒，严重的就会导致猝死。

降低免疫力

我们通常认为，经常运动可以提高身体的免疫力，降低生病的概率。其实不是所有的运动都有这样的效果，只有在适合自己的强度下运动，才会提高身体的免疫力。运动强度过高时，反而是身体免疫力弱的时候。

我在大学期间学习运动训练这门专业课时，任课老师反复强调，运动强度高时，一定要保证周围环境没有细菌等有害物质的侵入。

起初我们都不理解这句话的意思，老师就用他曾经的教训做了解释，他说那是他犯过的最让他郁闷的一次错误。

在某届全运会前的备赛期，也就是赛前加大运动量、提高运动员成绩的时期，有两名外来人士进入全封闭的训练场地探访运动员，造成了流感病毒在队员之间的传播。这个时期正是运动员运动强度最高、免疫力最低的时期，几乎一半的运动员都感冒了，严重影响了训练计划。

他们本来有信心在全运会上获得三块奖牌，最后只拿到一块金牌，这个结果也算是不幸中的万幸了。

不仅是运动员，很多普通人也不清楚什么样的运动对自己来说属于高强度运动，往往会一味地增加运动量，希望能在最短的时间内取得最好的运动效果。结果他们每天都在进行高强度训练，不仅没有提高免疫力，反而降低了免疫力，更容易生病。究其原因，就是在运动强度和时间安排上出了问题。

躯体伤病

查理·芒格（Charlie Munger）在《穷查理宝典：查理·芒格智慧箴言录》（*Poor Charlie's Almanack: The Wit and Wisdom of Charles T. Munger*）里提到过，做一件事时最重要的就是先排除那些不该做的事。

现实中的很多人并不是这样做的，而是往不该跳的"坑"里跳了一遍又一遍。比如在跑步中，错误的跑步姿势可能导致踝关节、膝关节、髋关节受伤。但是很少有人会在跑步之前先去了解正确的跑步姿势，大部分人都是等到跑步导致了伤痛后，再去了解、改进。

我之前看到一张图片，上面有一个要参加跑步比赛、穿着红色 T 恤的美国人，T 恤上面写着："我有滑膜炎、足底筋膜炎、髋关节滑囊炎等，膝盖半月板还受过伤，但我还在跑步！"看起来非常励志，但是，如果能提前合理安排自己的训练量，并了解正确的跑步姿势，就不会和这些伤病有关系了。毕竟，运动强度越高，身体越疲劳，伤病发生的概率就越大。

最大摄氧量圈定了
你的运动安全区

事实上，在不同的人之间，其"发动机"（心血管系统是人体的"发动机"，最大摄氧量反映了人体心血管系统的健康程度）的区别是非常大的。

我们曾给罗振宇老师和真格基金创始人徐小平老师分别做过在运动医学中最专业的呼吸机测试，其中有一项是最大摄氧量测试。

什么是最大摄氧量？我们都知道，人在运动时需要氧气通过肺进入血液后参与能量代谢，运动量越大，需要的氧气就越多。但是，人会在某一个时刻，无论怎么张大嘴巴、加快运动节奏或是加大运动强度，都无法得到更多的氧气。这时，血液利用的氧气量就是人体的最大摄氧量。

这个数值反映了心血管系统能不能很好地将氧气运送到体内参与代谢。最大摄氧量的数值越高，表示心脏越健康，代谢效率越高。所以说，提高最大摄氧量的数值，不仅可以控制血压、降低患心血管疾病和中风的风险，而且会让你的头脑更清醒、精力更充沛。

最大摄氧量代表了一个人做有氧运动的极限值，换句话说，也就是人体能够利用的、参与到能量产出过程中的氧气最大值。人体运用氧气的能力十分重要，这个指标不仅能用于指导运动员的科学训练，而且能作为判定某些慢性疾病的依据之一。

日本在 1998 年做了一个针对约 3 万人的筛查，发现最大摄氧量指标和患病概率成反比（见图 2-1）。

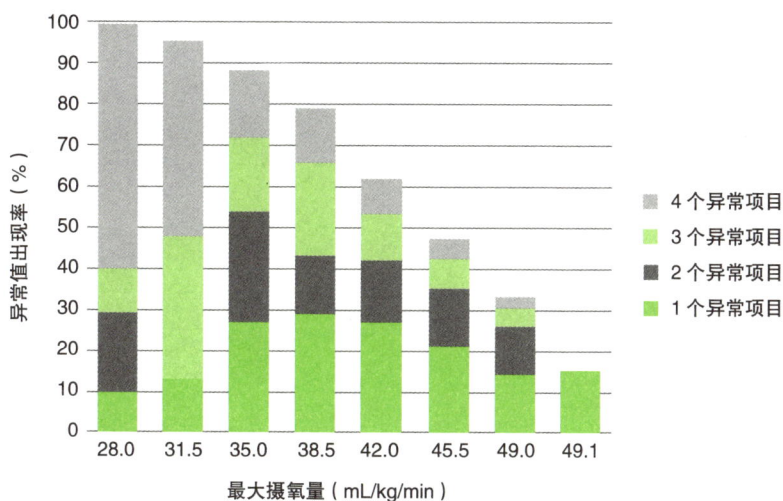

图 2-1　不同最大摄氧量水平的男子医学检查异常出现率（三边等，1998 年）

观察图 2-1 可以发现，人的最大摄氧量越高，体检的异常指标越少。对一个正常的成年人来说，26～35 岁男性的最大摄氧量低于 30，女性低于 26，36～45 岁男性的最大摄氧量低于 26，女性低于 22，就会有不同程度的风险，甚至有猝死的风险。我遇到过不少长期加班熬夜的科技公司 IT 人员，他们长期压力大、睡眠不足，且最大摄氧量数值在风险及格线以下，可能他们真的会把生命的最后一秒都献给工作。

前文提到，心血管系统是人体的"发动机"，最大摄氧量反映了人体心血管系统的健康程度。如果你的最大摄氧量指标低于图 2-2 中的平均水平数值，说明你缺少一个好的"发动机"，这其实是一个非常大的健康隐患。

男性最大摄氧量（mL/kg/min）

年龄（男性）	18 ~ 25	26 ~ 35	36 ~ 45	46 ~ 55	56 ~ 65	66 +
优秀	> 60	> 56	> 51	> 45	> 41	> 37
良好	52 ~ 60	49 ~ 56	43 ~ 51	39 ~ 45	36 ~ 41	33 ~ 37
高于平均水平	47 ~ 51	43 ~ 48	39 ~ 42	36 ~ 38	32 ~ 35	29 ~ 32
平均水平	42 ~ 46	40 ~ 42	35 ~ 38	32 ~ 35	30 ~ 31	26 ~ 28
低于平均水平	37 ~ 41	35 ~ 39	31 ~ 34	29 ~ 31	26 ~ 29	22 ~ 25
低	30 ~ 36	30 ~ 34	26 ~ 30	25 ~ 28	22 ~ 25	20 ~ 21
非常低	< 30	< 30	< 26	< 25	< 22	< 20

女性最大摄氧量（mL/kg/min）

年龄（女性）	18 ~ 25	26 ~ 35	36 ~ 45	46 ~ 55	56 ~ 65	66 +
优秀	> 56	> 52	> 45	> 40	> 37	> 32
良好	47 ~ 56	45 ~ 52	38 ~ 45	34 ~ 40	32 ~ 37	28 ~ 32
高于平均水平	42 ~ 46	39 ~ 44	34 ~ 37	31 ~ 33	28 ~ 31	25 ~ 27
平均水平	38 ~ 41	35 ~ 38	31 ~ 33	28 ~ 30	25 ~ 27	22 ~ 24
低于平均水平	33 ~ 37	31 ~ 34	27 ~ 30	25 ~ 27	22 ~ 24	19 ~ 21
低	28 ~ 32	26 ~ 30	22 ~ 26	20 ~ 24	18 ~ 21	17 ~ 18
非常低	< 28	< 26	< 22	< 20	< 18	< 17

图 2-2　最大摄氧量水平和年龄对照图

只有"发动机"好，人体的血液供输才能得到保障。尤其在需要进行紧急而高强度的运动时，"发动机"的好坏尤为重要。如果"发动机"不够好，本身有血管堵塞的情况，身体在应急时刻就得不到及时的血氧供应，结果可能是致命的。

之前我看到过这样一个案例：在健身房工作的一位女经理由于长期伏案工作，频繁加班，又缺乏锻炼，身体的状态越来越差。有一年过年要赶火车回家，她和男朋友出门晚了，到火车站时火车马上就要开了。两个人拎着行李跑了大概十几分钟，终于跑到了站台。刚要上火车时，这位女经理的男朋友发现她脸色不对，嘴唇发紫。当时他们觉得到火车上休息一下可能就没事了，结果上车出发后，女经理发生了心肌梗死，没有得到及时治疗就过世了。

心血管能力较弱的人，平时一般不会有突发性危险，但一旦遇到巨大的压力或进行超出自身耐受强度的运动时，就有可能发生意外。

如何测试自己的最大摄氧量呢？

我推荐购买专业的运动手表。这类运动手表除了可以监测最大摄氧量的数据，还可以监测心率等其他指标，可以反映出心肺功能的整体状态。

如何选择运动手表的品牌呢？实际上，一般主流品牌的运动手表都可以测试最大摄氧量。选择的标准主要是看生产厂家是否采用了 FirstBeat 公司提供的数据。这家公司提供的数据包括不同性别、年龄、运动状态的人的参数值，在准确性上比其他公司高很多。

我还想提一下另一个和我们的生命息息相关的氧气指标——血氧饱和度。血氧饱和度作为判断人体机能是否在正常运作的重要指标之一，近年来被广泛应用。

血氧饱和度是指血液中血红蛋白结合氧的百分比，通常被用来评估血液把氧气输送到身体各部位的能力。一般来说，数值在 95%～100% 属于正常范围，90%～95% 属于轻度缺氧，而如果低于 93% 并且出现呼吸困难，建议马上去医院就诊。血氧饱和度数值太低，可能会存在生命危险，这是千万不能忽视的。血氧饱和度监测设备最好选择医用评估等级的，非专业设备在准确性上可能存在误差。

哪些人需要监测血氧饱和度呢？ 60 岁以上的老年人由于心肺功能生理性老化，血液输送氧气的能力不足，可以定期监测血氧饱和度。

此外，体重基数大或者睡觉打呼噜的人，以及生活在高海拔地区的人，也建议定期监测血氧饱和度。

运动的分寸:
95% 舒适度 + 5% 挑战

我平常也遇到过一些老年人,他们并没有接受过任何力量训练,但依然精神矍铄,身体状态很好。这说明他们的心肺功能一直处于不错的状态,这一点是健康长寿的关键。

其实力量训练对我们生活的影响远没有我们想象中那么大,并不是说肌肉块头越大,身体状态就越好,寿命也就更长,它们之间没有正相关的关系。

反而是心肺功能和身体状态与寿命之间有重要的正相关关系。所以,健身的首要目标就是改善心血管系统的功能。

这里我要先说明以下两个常识。

第一,每个人心血管系统的先天基础是不一样的。比如,我们为罗振宇老师做最大摄氧量测试时,虽然罗老师那段时间每天坚持游泳,但他的测试结果只有 30 多。徐小平老师那段时间没有做任何运动训练,但他的测试结果比罗老师高很多。这是为什么呢?后来问了两位老师才知道,徐老师的爸爸已经 90 多岁了,身体依然特别硬朗,可以说徐老师天生就有强大的心肺基础，这是遗传因素的影响。

第二，心血管系统不好的人，其心肺功能通过锻炼是可以得到改善的。当然，如何制订锻炼方案很重要。很多人以为，只要是高强度的运动就肯定对心肺系统的改善有效，于是去健身房对教练说"请往死里'虐'我吧"，否则就觉得钱花得不值，其实这么做是完全错误的。

我们之前做过一个测试，测试内容是让一个平时不经常运动的人边跑步边测量血压。试想一下，如果一个人平时不怎么运动，突然连续跑步15分钟，会出现什么情况？你可能会说，跑步时，他的血压肯定会越来越高，因为身体开始动了，心脏供血更多了。但事实是，这名测试者在跑了15分钟后，血压突然下降，于是我们立刻停止了测试。为什么会出现这种情况呢？其实是因为，当运动强度超出心脏的负荷能力时，心脏就不再回血，处于缺血状态。如果心脏的缺血状态没有得到有效恢复，心肌就会直接受损，而心肌受损后是不能自我修复的。更可怕的是，如果运动强度过高，心脏无法负荷的状态持续一段时间，就可能直接导致心肌梗死。

为了降低高强度运动可能造成的风险，在确定运动强度时要找到属于你的舒适区。寻找舒适区的目的首先是保证运动安全，其次是享受运动过程，并能从运动中获得激素带来的快感，这样才能让运动持续下去。如果没有良好的体能与肌力做基础，高强度训练就无法持久，变成了只为燃脂而进行的训练，这种训练通常持续10~20分钟，往往在内啡肽还没分泌出来时就结束了，让人根本无法享受到运动的乐趣。

当你按照正确的运动强度开始训练时，身体会以各种方式来适应你现在的运动强度，原来那些感觉有些困难的运动，可能经过一段时间后就会变得轻松了。随着时间的推移，身体条件会逐渐发生变化，你也需要相应地调整运动强度，始终保持在舒适区往上一点儿的那个范围即可。

为什么越运动越累

以前我一直以为科学家的工作是不断地发明、创造新的物质，后来才知道，很多时候科学家不是在发明，而是在发现某种规律。就像牛顿被苹果砸到后，不是发明了引力，而是发现了引力这个规律，然后再做出模型使规律得以应用。

运动中的科学研究也遵循相同的逻辑。

运动生理学家发现人体机能活动在运动的影响下变化的规律后，对研究成果进行总结并做出模型，才使这种规律得以应用。做研究时一定会用到的关键指标之一，就是量化。

有了量化指标才能把原来抽象的研究、主观的感觉数字化，才能对当下的情况做出评估。就像对两辆汽车进行比较时，只看外表无法分辨出哪一辆车的性能更优越。必须衡量汽车的马力①、扭矩、百公里加速等各项指标，才能做出准确的判断。

我们想象一下，把一台奥迪 A8 的发动机放在奥拓车上，如果车体本

---

① 马力是工程技术上常用的一种计量功率的单位。1 马力 ≈ 735.5 瓦特。——编者注

身不够坚固，在不断加大油门的情况下，可能会导致车体散架。人也是如此，即便有再好的体能（指最大摄氧量指标），如果肌肉力量太弱、跑步技术太差，同样可能受伤。所以，在制订个性化运动方案时，也需要参考这些量化数据。通过数据才能了解自己的哪一项是弱项，需要进一步提升；哪一项是强项，需要充分发挥优势。

量化的指标除了前文提到的最大摄氧量指标，还包括日常需要监测的心率指标。

运动计划如果只包括时间或距离，是无法保持合理的强度的。因为如果运动计划只有距离，比如今天的计划是完成 5 km，一个人可能会为了完成计划而越跑越快，导致运动强度过大。

但如果运动计划只有时间，比如今天的计划是慢跑 30 分钟，一个人可能会越跑越慢，因为他心里想的是只要跑够这么长时间就好。

这些我都体验过，它们都是人的常态化心理。

这时，如果有一块心率手表，问题就解决了。跑步时让心率保持在合适的区间内，再加上以时间或距离为基准的运动计划，就能保证合理的运动强度和良好的运动效果。

1977 年，第一块心率手表出现——芬兰越野滑雪国家队的教练想让选手的训练科学化，芬兰人研发出了历史上第一个无线传输的心率装置。1982 年，第一块通过胸带传感器收集运动信息的心率手表出现。1983 年以后，用心率监控来控制运动强度的方式被广泛运用到全世界的各项耐力训练中。

只有了解自己的实时心率，才能合理评估自己的运动强度，不然可能会越运动身体状态越差。这个道理不仅为专业的运动者所知，而且被很多普通的运动爱好者认同。

我的一位好朋友曾经是奥美集团的数据分析总监，叫王泽蕴。她之前没接受过任何运动训练，为了让身体更健康，她选择了现在流行的拳击私教训练。每次训练完她都瘫在家里不想动，需要两天时间才能恢复。她渐渐地感觉越来越疲劳，而不是精力越来越充沛。

看到这种情况，我让她戴着心率手表，分别监测平时和运动时的心率。我发现她平时的心率就比普通人快一些，可能是因为之前不怎么运动，还经常熬夜，导致心肺功能比较差。

果然如我所料，她在进行拳击训练时，心率手表一直报警，说明她的心率已经达到最大值区间，运动强度过高。拳击教练看到这个数据也吓了一跳，不敢再给她增加运动强度，只能相应地降低了强度。

运动强度降低后，王泽蕴说虽然打拳的速度和频次慢了，但是依然可以达到发汗的效果。之前训练时她总会眼冒金星，有种"黑屏"的感觉，强度降低后，这种感觉就消失了。最重要的是运动后的第二天，她的身体不再疲惫不堪，精力也越来越充沛。

所以，在制订运动方案时，首先要确定适合自己的运动强度。而这个运动舒适区的确定不能依靠自己的主观感知，心率手表的精准数据能有效帮助你解决这个问题。

最后提个建议：想要准确测量心率，可以选择佩戴心率手表或心率手环。

有了测量心率的设备，还需要了解两个数值，这样才能为之后的区间计算做准备。

第一个数值是最大心率。网上最常见的计算公式是最大心率（次 / 分）= 220 − 年龄，用这种方法计算出的是平均值，忽略了个体之间的差异性。

我们可以用心率手表自己进行测验。

比如在操场上或跑步机上跑出自己的最大心率——热身后，用全力跑三次 800 米，每次之间休息三分钟，然后查看手表记录的最高心率值。还有另外一种用跑步机测试的方法——热身后以自己平时的速度跑步，每两分钟把坡度提升 1%，不断重复这个过程。直到无法继续时，坚持跑完最后的 30 秒，结束后手表记录的最高心率值就是自己的最大心率。

第二个数值是静息心率，这也是个关键的指标。选一个睡眠充足的早晨，起床后站起来静止一分钟，这一分钟内的心率就是你跑步时的静息心率。

很多人看到这里可能不太理解，为什么是站着测试？一般人们都认为应该是躺着或坐着测试。其实，躺着、坐着、站着三种姿势下测出的静息心率是有差异的，我们应该选择和平时运动时相同的姿势来进行测试。

躺着测试的静息心率比站着测试的低 10% 左右，游泳运动员可以选择躺着测试，因为这是他们游泳时的常态；坐着测试的静息心率比站着测试的低 4% 左右，自行车运动员可以选择坐着测试，和骑车时的惯用姿势相同；经常跑步的人则应该选择站着测试静息心率。

依据心率数值，不仅能确定合理的运动强度，而且能了解身体的疲劳指数。

人有时候是身心分离的，很难客观地评价自己的实际状态。人在疲劳时也是如此，有时连自己也很难说清楚疲劳的程度。

当我们很难精确评估自己的身体情况时，就需要一些仪器测出的参数指标来做参考。

一个简单的方法就是在知道自己的静息心率后，每天早上起床时看一下心率，如果比正常状态下高 5～10 下，就说明前一天的运动量过大，体力尚未完全恢复，或者是昨晚没有睡好，身体没有得到充分的休息。这时就要适当地调整运动量，或增加休息时间。

在接受合理强度的有氧训练后，一个人的静息心率会降低，因为心脏的肌肉变得强而有力，单次射血的力量增强，心脏内部的空间变大，血流量也变得更多。所以，有氧训练后心跳一次的射血总量就会比之前高很多，静息心率也会降低。

资料显示，普通成年人的正常心率是每分钟 60 ～ 100 次，而马拉松运动员平时的心率是每分钟 42 次左右，与前者相差几十次。我曾设想过，运动员在运动时心跳会加快，如果综合平时和运动时的心率，平均值是不是和普通人的日常心率差不多？不过通过计算发现，即使马拉松运动员减去每天运动时多出的心率，也依然比正常人少 6000 多次。

说完运动员，我们来说说普通人。普通人通过锻炼，心率也可能降低到每分钟 50 次左右。

科学合理的运动确实会增强心脏的功能并降低患心血管疾病的概率，而这些都是使人精力充沛、健康长寿的重要指标。

不是每个人都适合跑步

如果目标是改善精力状态，在选择运动方式时应该首先选择跑步这种方式吗？跑步的优势和弊端都有哪些呢？

在美国探索频道（Discovery Channel）出品的《绝对好奇》（*Curiosity*）这部纪录片中，我们可以看到，在进化过程中，猿类逐步摒弃爬行习惯，慢慢开始直立行走。在没有发明弓箭和陷阱时，原始人打猎就靠与鹿等哺乳动物比耐力，直到这些动物跑不动了，才有机会把猎物杀死取食。因为人类的排汗系统比其他带皮毛的动物更优良，所以人类可以长时间跑步。可见，在几百万年前，跑步是人类必备的生存技能。即便是现在，与其他运动相比，跑步依然是非常方便的一种运动，对场地也没什么特别要求。

进入 21 世纪以来，人类的饮食种类越来越丰富，但久坐的时间也越来越长。很多人的体重越来越重，跑起来身体的负担也越来越大。想象一下，一个身高 170 cm、站在体重秤上显示 90 kg 的男生，随着他在体重秤上原地跑起来，秤上的数字也会不断变化。双脚腾空时没有重量，单脚落下时的压力超过 90 kg，而脚抬起得越高，落地时显示的数字越大。如果他是以百米冲刺的速度跑，单脚落下时秤上的数字最大可以达到自己体重的 3 倍，即 270kg，也就是说一条腿就要在瞬间承受 270kg 的重量。

如果一个人的体重基数过大，而本身肌肉不足，腿部根本难以支撑这么大的重量，更何况跑步时两条腿在不断交替地承受着这样的重量。

所以，不建议体重基数大的人把跑步当作首选的运动方式。

那么，比起跑步，更适合这类人的运动方式是什么呢？

用跑步机进行上坡走或者走路才是更安全有效的方式。这样的走路方式可以增加脂肪的消耗，同时使身体的心肺功能循序渐进地提高，为以后的跑步训练做准备。当男生的体脂率低于 26%、女生低于 32% 时，也就是体脂秤显示体脂率不在肥胖区间时，可以考虑慢跑的运动方式。否则就相当于在背着杠铃片跑步，腿部和脚部的关节会因为负重太大而极易受伤。

体重超标的人群除了选择适合自己的运动方式，还要设定合理的运动强度，再配合科学饮食，才能达到减轻体重的目的。那么，合适的运动强度是多少呢？就是在运动时刚好有一点气息急促的感觉。可以参照心率水平来控制你的运动强度。我们可以用卡氏心率公式（Karvonen Formula）[目标心率 =（最大心率－静息心率）× 所需强度百分比 + 静息心率] 计算出运动心率区间，也就是运动时应该保持的心率水平。通常，当强度百分比为 35%~55% 时，我们在运动中能消耗更多的脂肪。

打比方说，你今年 35 岁，身体状况一般，早上醒来时的静息心率是 75，按照卡氏心率公式计算出你的运动心率区间是 114~136。由此可以看出，运动心率主要和年龄、早晨醒来时的静息心率有关。你可以按照卡氏心率公式计算一下自己的运动心率区间。

在了解了自己的运动心率区间之后，你就会发现，不是每个人都适合跑步，尤其是心肺功能比较弱的人。跑步时，一抬腿一落腿的瞬间，人体承受的压力增大，心率也会随之升高，可能已经超出了合适的运动心率范围。另外，跑步时会出现双脚腾空的情况，如果腿部的肌肉力量不足或者体重基数过大，膝盖承受的压力也会很大。

　　心肺功能比较弱的人，可以找到适合自己的运动心率区间，先从走路开始训练。在走了一段时间之后，会发现心肺功能得到了提升，早上起床时，静息心率可能从75变成了70。这时，再计算一次运动心率区间，稍微提高一下自己的运动强度。

走路也是一门科学

正确的走路方式是什么呢？

我比较推荐在跑步机上进行有坡度的走路。跑步机的速度是固定的，在跑步机上走坡更容易控制心率区间；而且走路时腿部没有腾空的动作，膝盖承受的压力也减小了很多。如果你的体重基数比较大，走坡这个运动方法会更适合你。不论是在跑步机上还是在室外走路，都要注意以下几个要点。

第一个要点：走路时要加大摆臂的幅度，让手臂前后侧的肌肉都能得到锻炼，让身体更多的肌肉群参与到走路的动作中，增加身体的整体消耗。

第二个要点：走路时要保持肚脐一直向前，这有助于髋关节即骨盆周围肌肉的稳定。有些人在走路时臀部左右摆动的幅度比较大，时间久了容易造成髋关节损伤，而这一点只要在走路时保持肚脐向前就能得到改善。

第三个要点：腹部始终保持收紧状态，这有助于保证身体的稳定，也会加强腹部的锻炼效果。

第四个要点：始终保持脚尖向前。在走路过程中，人体要重复几千次甚至几万次的迈步动作，如果脚尖方向有问题，比如严重的外八字或内八字，也会引起膝关节和踝关节损伤。所以，走路时要时刻注意保持脚尖向前。

第五个要点：大步走，幅度一定要大，这种走路姿势对腹部和臀部的线条美化都有帮助。我们会发现，在上坡时，臀部受力很明显，这会让臀部越来越紧翘。而小步走时小腿参与很多，步子越大，小腿的负担越小，为了防止小腿越来越粗，一定要大步走。

第六个要点：走路期间保持足量的水分摄入，最好每十分钟就能补充一次水分。

走路的训练不需要天天做。心肺训练最好是一天运动一天恢复，比如第一天训练，第二天慢走或休息。这样的运动计划比较合理，能够使身体始终保持良好的循环状态。

你当柔韧，更有力量

不少人觉得跑步只需要跑起来就行，不需要热身。而事实上岔气、肌肉酸痛、膝盖受伤等问题的出现，往往都是因为在跑步之前没有做好热身。

那么，正确的运动顺序是什么？

正确的运动顺序是：泡沫轴放松—动态伸展—跑步—静态伸展。

其实不只是跑步，其他类型的运动，比如篮球、足球等，也要按照这样的顺序进行。

运动前后的活动主要分为以下两大步骤。

第一步，用泡沫轴放松肌肉。

把泡沫轴放松安排在热身的第一步，和我们在运动中经常出现的一个情况有关——抽筋。原来我一直认为抽筋是因为体内的矿物质、钙质不足，可后来我发现，即便补充了足量的矿物质和钙，我依旧会抽筋，在长距离跑步时也会出现抽筋的情况。如果在跑马拉松时抽筋，会直接影响跑步成绩，因为在抽筋时，你只能停下来进行拉伸直至恢复，恢复后再跑时也无法正常用力，一用力就会再次抽筋。所以，对参加马拉松的人来说，预防抽筋的发生非常重要。

那么，到底是什么原因造成了抽筋呢？

我们的肌肉是由肌纤维组成的，形状细长。如果运动的姿势和动作长期不当，有些肌纤维长期处于紧张状态，就会缩短并形成结节。我们通常可以在肩胛骨周围、大腿外侧、小腿等位置摸到这样的结节。这些已经缩短并发展成结节的肌肉在长时间工作发力时就有可能抽筋。拉伸对于解决这些结节并没有帮助，试想一下，如果从两端拉扯一条打了结的绳子，越拉扯那个结只会越紧。

解决结节最好的方法是放松，可以用泡沫轴放松的方式，也可以由按摩师帮助完成。我更推荐泡沫轴放松的方式，因为在运动前放松是非常重要的一个环节，而且自己就能操作。只要用泡沫轴在有结节的位置上滚动，轻微的压力就能让肌纤维从缩短状态恢复到正常状态。

记住，在有结节的位置上滚动时一定要轻轻地滚动，产生轻微的疼痛感即可。有很多人不知道泡沫轴的正确使用方法，在健身房用泡沫轴放松时"鬼哭狼嚎"，放松的效果也不好。前段时间，一位按摩师和我聊起一件事：有一位客人因为爬山导致的腿疼来按摩，通常情况下，处于疲劳状态的肌肉在按摩时会出现很强的疼痛感。那位客人却说没事，越用力越好。他认为按摩师越用力，他花的钱就越值。于是，这位客人一边喊疼，一边让按摩师继续用力。可是强烈的疼痛使肌肉全都紧绷起来，应该放松的肌肉收缩得更紧了，按摩师根本用不上力。这简直是花钱买罪受，不但疼痛难忍，而且没有得到想要的放松效果。

在运动之前进行泡沫轴放松的效果更好，不仅减少了发生抽筋的可能性，而且可以保证肌肉在运动中正确发力，降低受伤的概率。你会发现，现在的 NBA 运动员或者一些其他运动项目的高水平运动员都会在比赛前用泡沫轴放松肌肉。

第二步，身体柔韧性训练。

无论是选择走路还是跑步的运动方式，身体都需要具备良好的柔韧性，但很多人没有意识到这一点。

我们的关节、肌肉、韧带和肌腱都是对于运动非常重要的部位，它们的柔韧性与各种运动动作的完成息息相关。

比如，很多人认为肩关节的柔韧性与走路或者跑步没有任何关系，其实这个认知是错误的。我们在跑步摆臂时，一条腿向前迈出，同侧的手臂就会自然向后摆动，这个摆臂的动作可以把腿部的力量分散，然后再迈出下一条腿。如果肩关节的柔韧性不好，向后摆臂的幅度不够大，向前迈腿的力量没有完全被抵消，就需要借助肩膀向后的动作来分散掉剩余的力量，会影响跑步的速度。我们可以分别尝试一下摆臂走路和双手放在口袋里走路的效果，就能体会到其中的差别了。

我之前对身体的柔韧性训练也不太重视。在篮球队时，我把自己动作的不流畅、不灵活都归结为身高的问题，再不然就是因为自己不适合打篮球。但是，我发现很多和我一样高的外国运动员在打篮球时动作特别灵活，我才知道并不是我不适合打篮球，而是训练方式不正确。再后来我学习了解剖学和生理学方面的知识，明白了只要适当地强化身体的柔韧性，就可以有效地改善灵活性的问题。

一些上了年纪的人总会说他们骨头酸痛，实际上说的就是关节问题。大部分人都认为关节一动起来"嘎吱嘎吱"地响是上了年纪的关系，殊不知是关节没有得到正确的柔韧性训练引起的。经常进行柔韧性训练，可以扩大关节的活动范围，有利于提高身体的灵活性和协调性。

另外，肌肉在运动过程中的表现能力不只是由肌肉的力量决定的，肌肉的放松能力也同样重要。身体柔韧性的作用是什么？是让肌肉保持弹性，使肌肉在完全伸展时还能保持放松状态。优秀的跑者只有在触地的一瞬间腿部肌肉才发力，其他时间腿部是放松的，这样才能节省能量，进行长时间或者长距离的跑步。但普通人一抬腿、一后摆，每个动作腿部肌肉都在发力，结果就是越跑越累。

那么，该如何提高我们的身体柔韧性呢？可以从动态伸展和静态伸展两个方面来训练。

我们先来说说动态伸展。

动态伸展是非常好的热身方式，它有助于身体的每一处关节、肌肉、韧带都得到活动。以前的动态伸展通常是慢跑、压腿和关节绕环，实际上这些方法的效果并不好，还可能让你受伤。我来进行逐一分析。慢跑是一种速度较慢的热身动作，它只能让适应慢速的肌肉得到训练，为之后的运动做好准备，但适应快速爆发的肌肉是无法得到训练的。另外，热身活动应该调动神经系统的兴奋度，提高注意力，从而在较短时间内达到"热身"的效果，这也是跑完一圈心率才达到每分钟 90 次左右的慢跑无法实现的。

再来说说压腿和绕环。压腿，运动专业术语叫静态拉伸，可以提升肌肉的柔韧性，但可能对之后的运动表现没有什么提高，甚至可能让运动表现变得更差。研究显示，肌肉静态拉伸超过 60 秒，会让之后的运动爆发力和力量降低 5%~30%，并且会让神经兴奋度持续降低 2 小时。如果你习惯做压腿这个拉伸动作，要放在运动后做。

关节绕环这种热身方法不仅不能减少，反而会增加关节受伤的风险。按照对身体伤害的等级高低依次排列，几个风险比较大的动作分别为左右手交叉摸脚尖、颈部绕环、膝部绕环、腰部绕环。关节损伤的主要原因之一就是过度磨损，而绕环恰恰增加了这种风险，尤其是中老年群体，他们骨量减少、关节腔分泌黏液减少，发生损伤的风险更大。

那么，怎样做动态伸展才正确呢？

走路或跑步前的动态伸展和健身前的动态伸展并不完全相同。走路或跑步前的动态伸展需要从脚踝开始，一直活动到手指、肩膀，整个过程大概需要 10 分钟。动态伸展完成后，心率达到每分钟 110 次左右，就可以结束热身，开始走路或跑步。

静态伸展要在运动之后进行。静态伸展可以进一步拉伸关节、肌肉、韧带，提高身体的整体柔韧性。为什么需要大量的静态伸展动作把全身的肌肉、关节拉伸开呢？举个例子，很多人站着向前弯腰时，很难用双手够到自己的脚尖，这时能感觉到大腿后侧的肌肉比较紧张。其实这个动作不只与大腿后侧的肌肉有关，如果身体前侧的肌肉，即大腿内侧和腹部连接的髂腰肌得到放松，对这个动作也有很大的帮助。

这是为什么呢？当我们站着或者躺着时，髂腰肌处于放松状态。而当我们坐着时，上身和大腿之间会大致形成一个 90 度的直角，这时髂腰肌是持续收紧的状态，如果髂腰肌长时间收紧，就会影响双手摸脚尖这个动作。我们只需要让髂腰肌放松，双手就会离脚尖更近一些，甚至可以摸到地面。平时按照图 2-3 中的动作锻炼，就能使髂腰肌不断得到拉伸并处于放松状态。

静态伸展包括一整套的伸展动作，做静态伸展时要在每个姿势上停留 90 秒，每次呼气时慢

图 2-3 放松髂腰肌的动作

慢地将身体向远处尽力拉伸，这样才能保证效果最大化，让肌肉、韧带、关节得到彻底的放松。要持续不断地坚持做，坚持两周后，就能感受到身体的变化。渐渐地，跑步动作会越来越轻松、越来越流畅。可以说，静态拉伸是能否长久跑下去的非常关键的一环。

柔韧性训练和肌肉放松对于所有运动都至关重要。前两天，我的一名学员没做热身就开始打高尔夫球。没有热身加上姿势不对，他挥杆这个动作的力量到了腰部就停止了，没有从腿部转移出去，结果一下子就引起了腰椎骨折，必须卧床休息一个半月，连翻身都做不到。所以，我们一定要注意提高自己身体的柔韧性，并注意做一些运动前后的活动。

（扫码关注"张展晖教练"公众号，在"提升精力"版块观看视频解说。）

轻松跑步第一步：
找到四个基准点

有一次，我参加在中国人民大学举办的一场跑步培训，一位 50 岁左右的男老师问："这间教室正在进行什么培训？"我的同学回答说是跑步培训，这位老师很诧异："跑步还用培训，这不是每个人都会的吗？"

相信大部分人都和上面这位老师的想法一样，觉得跑步很简单，不用学习。但事实上呢？前文在谈到心肺功能不佳者易发生的运动风险时提到过，不了解身体情况，一上来就跑步的后果包括：第一，运动猝死；第二，免疫力降低；第三，躯体伤病。

所以，我们需要学习跑步，更需要制订科学的跑步方案。

如果你对跑步感兴趣，你可能会买一大堆和跑步相关的书籍自学，在这些书中你会看到各种各样的跑步方案：有的说应该晨跑 5km，有的说应该晨跑 30 分钟，还有的说只要跑起来就可以；有的说一周至少应该跑 100km，有的说一周应该跑 150km 才够，还有的说应该间歇跑，不需要长距离……面对这么多种跑步方案，可能你最后仍然不知道该选择哪一种。

前几年，我选择了一种自认为靠谱的跑步方案并按照计划开始执行。可我发现，如果跑步方案是跑 5 km，我就会越跑越快，因为我认为只要跑完 5 km，今天的任务就完成了，当然是越早完成越好。如果跑步方案是跑 30 分钟，我就跑得很慢也跑不远，因为我认为只要熬到 30 分钟就行，不必在乎速度和距离。应该按照什么速度来跑；跑完后应该觉得轻松还是疲惫；如何判断跑步对我来说有没有效果，怎么优化改进……对于这些问题，我完全没有头绪，只是跟着自己的主观意识在走。我意识到，应该制订一份科学有效的跑步方案。

怎样制订一份科学的跑步方案呢？

首先，我们需要了解以下几个指标，它们是制订跑步方案要参考的基准点：

体脂率（跑步训练的启动指标）

最大摄氧量（确定跑步舒适区间的指标）

心率（确定跑步强度的指标）

疲劳指数（调整跑步强度的指标）

第一，体脂率。

体脂率是指体内的脂肪占体重总数的百分比。比如，男性的体脂率高于 26% 就属于肥胖，在 14% 左右腹部就能看到肌肉线条。女性的体脂率高于 32% 属于肥胖，在 23% 左右腹部就能看到肌肉线条。体脂率能让你清晰地了解自己的身体情况。不了解自己的体脂率，即使看到自己的肚子上有肉，你可能也搞不清楚自己是胖还是偏胖。就像很多人不去体检时都觉得自己身体很好，拿到体检报告后才知道身体的真实情况一样。实际上，在体检前和体检后的这几天，身体并没有发生什么变化。指标也有相同的作用，人们总是在看到指标的具体数据后才会想要改变。最简单的测量体脂率的方法是使用体脂秤。体脂秤靠微电流通过全身，利用体内水分和肌肉导电、脂肪不导电的原理，根据最终电流的强度推算出脂肪和肌肉的含量，按照公式得出最终的体脂率结果。这种测量方法受身体水分含量的影响比较大，比如喝一大杯水后再使用体脂秤，结果可能就会显示体脂率降低了。所以，用这种方法测量体脂率，最好选择同一个时间，比如每天早上起床后测量。

体脂率可以作为启动跑步训练的参考指标。当男生的体脂率低于26%、女生低于32%时，也就是体脂秤显示体脂率不在肥胖区间时，可以考虑慢跑的运动方式。

第二，最大摄氧量。

前文介绍过，最大摄氧量是衡量人体心肺功能的量化指标。实际上，最大摄氧量不仅能反映出心肺系统的功能，而且能反映出肌肉线粒体的功能。线粒体是进行有氧呼吸的主要场所，身体的氧化反应是在线粒体中完成的，它的数量决定着人体可以消耗能量的多少。我会在后文详细说明肌肉线粒体的功能。

最大摄氧量目前的世界纪录保持者是挪威的奥斯卡·斯文森（Oskar Svendsen），他在 18 岁时创下了惊人的 97.5 mL/kg/min 的纪录。而大多数马拉松爱好者的最大摄氧量为 50 ~ 60 mL/kg/min。最大摄氧量的高低，在一定程度上受遗传因素的影响，像前文提到的徐小平老师的父亲 90 多岁时身体状况仍然很好，徐老师的心脏指标也不错。当然，后天训练对最大摄氧量的改变也很有帮助。

第三，心率。

之前我们说过，训练方案如果只有时间或距离的标准，就无法保持运动的合理强度。这时需要加入心率指标，让心率保持在合适的区间，再加上时间或距离的标准，就能保证合理的运动强度和良好的运动效果。

心率的具体测量方法前面已经说过了，这里再重复一下。

测量所需的第一个数值是最大心率，可以使用公式最大心率（次／分）＝220－年龄计算得出，也可以自己用心率手表直接测量。

第二个数值是静息心率，测量方法是起床后站起来，静止站立一分钟，这一分钟内的心率就是你跑步时的静息心率。

心率手表和心率手环都可以用来测量心率。曾经有人问我心率带和光电心率表的区别，在这里我说明一下。心率带是直接测量心脏的跳动次数，而光电心率表是以手腕的血流量来推算心脏的跳动次数。当心率提升时，手腕的血流量会在几秒之后才有相应变化，数据会有延迟。所以，要想得到更精准即时的数据，建议选择用传统的心率带测试心率。但是，心率带在佩戴时不够方便，体感差一些，尤其是天气比较凉的时候。光电心率表的反应会有些许延迟，准确性稍微低一点，不过现在的光电心率表已经可以选配心率带了。另外，心率手环的价格相对不高，也可以作为参考。

第四，疲劳指数。

疲劳指数也可以通过心率手表来了解。

一个简单的方法就是在知道自己的静息心率后，每天早上起床时看一下心率数值，如果比正常状态下高5～10下，说明前一天运动量过大，体力尚未完全恢复，或者运动量合适，只是没有休息好。这时就要适当地调整运动量或增加休息时间。之前提到过我的朋友王泽蕴，她平时的心率就高一些，有一次熬夜到很晚没有休息好，早上只做了起身开门这个动作，心率就上升到每分钟130次，她当时就吓坏了，赶紧放下手中的事，乖乖补觉去了。

轻松跑步第二步：
把目标改成提高最大摄氧量

明确了制订跑步方案的四个基准点后，我们还需要设定跑步的目标。

如果是为了改善健康状态、保持精力充沛，我们可以把目标设定为提高最大摄氧量。

这里再强调一下，最大摄氧量与心肺功能和肌肉线粒体功能的关系非常密切。

我在前面讲过了心肺功能，它的重要性很容易理解。为什么要特别强调肌肉线粒体功能呢？细胞中的线粒体是转化能量的"工厂"，糖类、脂肪、蛋白质等进入细胞之后，究竟能够转化为多少能量，是由线粒体决定的。我们每个人的身体里有上万亿个线粒体，其中哪个器官需要的能量越多，含有的线粒体就越多，如心脏和大脑。那么，线粒体如何工作呢？线粒体利用氧气把食物中的营养素转化为 ATP（腺嘌呤核苷三磷酸，简称"三磷酸腺苷"），而 ATP 就是人体内最直接的能量来源。

除了为人体提供能量，线粒体还发挥着多种重要功能，包括合成类固醇激素，如睾酮和雌激素，调节炎症过程和免疫功能、钙信号和肌肉收缩等。所以，可以说肌肉线粒体的功能对于人体至关重要。

那么，该如何提高自己的最大摄氧量呢？

如果从高强度运动开始训练，最大摄氧量可以在短时间内得到提高，但肌肉线粒体的功能并不会得到改善。在这种情况下，最大摄氧量提高得快，下降得也快。

如果从慢跑这种中低强度运动开始训练，虽然心肺功能无法迅速得到改善，但肌肉线粒体的功能得到了提升，最大摄氧量也会提高。当你慢跑一段时间后，最大摄氧量的数值不再变化时，就说明你已经具备了一定的有氧运动能力基础，可以适当地增加运动强度。一般训练一年左右，最大摄氧量就能达到峰值，之后的运动以保持这个峰值为目标即可。科学合理的运动确实会增强你的心肺功能、提升精力并降低患心血管疾病的概率，这些都是长寿的重要指标。

如果目标是参加比赛、突破自我，就需要进行高强度的间歇训练。你需要在训练中把自己的用氧能力发挥到极限，这是对意志力的一种挑战。要注意的是，当最大摄氧量达到上限时，并不意味着你的运动速度也达到了上限，还可以通过改善动作的方式提高运动效率；而接受过常年的严谨和规律训练的跑者，还可以通过提高身体使用氧气的效率的方式实现比赛成绩的进步。

轻松跑步第三步：
在六个强度分区之间循序渐进

在测量出最大心率和静息心率后，我们就可以设置跑步强度分区了。《你可以跑得更快：跑者都应该懂的跑步关键数据》一书中详细说明了跑步的强度区间，这本书的作者是徐国峰，我国台湾省的知名跑步教练。他在著作中把心率训练强度分为 E、M、T、A、I、R 六个强度等级，下面我们来说说每一个强度等级的特点。

强度一区：轻松跑（Easy zone，简称"E 强度"），计算公式是训练强度 =（最大心率－静息心率）×（59%～74%）+ 静息心率。

E 强度等级虽然看起来是速度最慢、强度最"弱"的等级，但事实上，它是很多项身体指标的最佳训练强度。建议初跑者从 E 强度等级开始跑步，可以避免因长期缺乏运动而受伤的情况；同时可以提高身体的韧性，减少在以后的比赛中或进行较高强度训练时受伤的可能性；长时间坚持 E 强度等级训练可以提升心脏每次输出的血液量，增加心肌的力量，进而降低心率；还可以增加肌肉线粒体和毛细血管的数量，提升身体的最大摄氧量。

强度二区：马拉松配速跑（Marathon zone，简称"M 强度"），计算公式是训练强度 =（最大心率 - 静息心率）×（75% ~ 84%）+ 静息心率。

M 强度是指跑者在跑全程马拉松时的平均配速。也就是说，M 强度是模拟马拉松比赛的强度，让跑者熟悉马拉松的配速，提升掌握配速的能力。M 强度的训练效果和 E 强度类似，只是速度稍快。它主要借由模拟比赛强度提高跑者的信心，同时可以强化与跑步相关的肌群，提高跑者的有氧耐力。

强度三区：乳酸阈值强度（Threshold zone，简称"T 强度"），计算公式是训练强度 =（最大心率 - 静息心率）×（85% ~ 88%）+ 静息心率。

喜欢跑步或者力量训练的人大概都听过"乳酸"这个词，乳酸是人体代谢时生成的产物，运动时人体生成的乳酸数量会增加，同时排出乳酸的速度会提高，从而保持出入平衡。

当跑者以 E 或 M 强度跑步时，身体产生的乳酸比较少，不会在身体里累积。当运动强度达到一定程度，人体排出乳酸的速度跟不上生成的速度时，乳酸会大量堆积，引起乳酸浓度迅速提升，而这个超出平衡点达到超负荷范围的临界点值就是乳酸阈值。

当跑步速度高于 M 强度时，肌肉中的乳酸浓度会快速提升。充满乳酸的肌肉无法正常收缩，为了保持运动能力，必须加快身体的血液循环，促进乳酸的转运和代谢。这就是"排乳酸"。

T 强度训练的首要目的就是增强身体排乳酸的能力，不断提高乳酸阈值，让跑者在 T 强度下的速度（被称为"临界速度"，简称"T 配速"）维持更长的时间。

与 E 强度和 M 强度训练相比，T 强度训练会稍微艰苦一点，以提升跑者的耐力为训练目标。

世界级的跑者一般在 T 配速下最多也只能坚持 60 分钟，如果你能以 T 配速跑 60 分钟以上，说明你的 T 配速强度偏低，需要适当增加强度。

强度四区：无氧耐力区间（Anaerobic zone，简称"A 强度"），计算公式是训练强度 =（最大心率 − 静息心率）×（89% ~ 94%）+ 静息心率。

T 强度训练的目的是不断提高乳酸阈值，使乳酸产生的量刚好等同于排出的量。当跑者以更高等级的 A 强度训练时，这个乳酸阈值很快就被超过了，导致乳酸快速产生，又不能被快速排出，大量累积在体内，所以，A 强度的训练可以提高身体的耐乳酸能力。此外，由于跑者在 A 强度等级训练的时间更多，对提升身体有氧代谢能力的效果更好。

强度五区：最大摄氧强度（Interval zone，简称"I 强度"），计算公式是训练强度 =（最大心率 − 静息心率）×（95% ~ 100%）+ 静息心率。

I 强度训练的主要目的是提高跑者的最大摄氧量，让跑者维持更长的运动时间。我在前文中说过，最大摄氧量是一个人有氧运动的极限值，数值越大，代表着有氧运动能力越强。

I 强度属于高训练强度，通常来说，一个人在 I 强度下的训练每次最多维持 10 ~ 12 分钟，因此，I 配速（在最大摄氧量下跑出的速度）并不适合长距离的比赛。

I 强度训练通常采用间歇式的训练方式。比如以 3 ~ 5 分钟为一个训练回合，每次保证相同的训练强度，这种训练方式可以延长跑者在该强度区间的总体训练时间。

I 强度训练是六个强度中最艰苦的训练，也是锻炼跑者意志力的最佳方式。经过这一阶段的训练后，跑者的有氧运动能力和耐力都会得到明显的提升。

强度六区：爆发力训练区（Repetition zone，简称"R 强度"）。

I 强度训练已经达到了有氧运动的极限，作为更高等级的 R 强度训练就必然属于无氧运动了。这时，人体要从无氧系统中寻求更多的能量支持。无氧系统提供能量的效率比有氧系统高很多，所以跑者可以用更高的配速跑步。

R 强度训练不需要考虑心率，训练的主要目的是提高无氧运动能力、跑步速度和跑步效率，可以通过刺激肌肉的神经反射、缩短脚掌与地面的接触时间、加快步频等方式达到提升跑步效率的目的。

R 强度训练因为训练时间很短，训练时反而不会让人觉得太痛苦。 同时，R 强度间歇训练可以和 E / M 强度训练穿插搭配，起到互补的作用。E / M 强度训练有很多好处，比如降低受伤概率、增加心肌力量、提高最大摄氧量等，但是如果一直保持 E / M 强度的训练，会有引起肌肉伸缩速度变慢的可能。建议在 E / M 强度训练完成之后，增加几次短距离的 R 强度间歇训练，这样有利于提升运动效率。

轻松跑步第四步：
定好周期，四个月后就能跑半马

 2017 年的诺贝尔生理学或医学奖授予生物钟（昼夜节律）研究领域的三位美国科学家：杰弗里·C. 霍尔（Jeffrey C. Hall）、迈克尔·罗斯巴什（Michael Rosbash）和迈克尔·W. 扬（Michael W. Young）。原因是他们发现了调控昼夜节律的分子机制——基因。这种基因掌控着我们每天的生活节奏：什么时候安然入睡，什么时候精神饱满地醒来。这些规律和生活的方方面面都有密切关系，可以被用来调控很多生理和行为过程。由此可见，遵循规律是多么重要。而运动的周期化也是受"规律"这个概念启发而来的。

 如果一个准备马拉松比赛的选手要接受赛前训练，该如何制订他的训练周期计划？是今天 5 km、明天 6 km，一直不断地累积，到马拉松比赛时达到训练量的最大值吗？

 这样做肯定是不对的。这样的训练周期是在累积疲劳，会让体能越来越差。

重大比赛前的一两周，并不是运动员加大训练量的冲刺阶段，而是放松调整、储备能量的阶段。学生在考试前也是如此，让大脑得到充分的休息和放松，在关键时刻才能把存储的海量知识关联发酵、有效提取。如果考试前一直努力复习，让大脑始终保持高度的紧张状态，在考试时反而可能因过度疲劳而发挥不好。

对一个跑步初学者来说，周期化就意味着科学安排每个阶段的训练目标。

运动科学家发现：人体对同一个运动强度的适应期是四到六周，之后需要调整运动强度，提供新的刺激，运动能力才会不断进步。

我们来看图 2-4，可以参照这张图为跑步初学者制定训练周期。

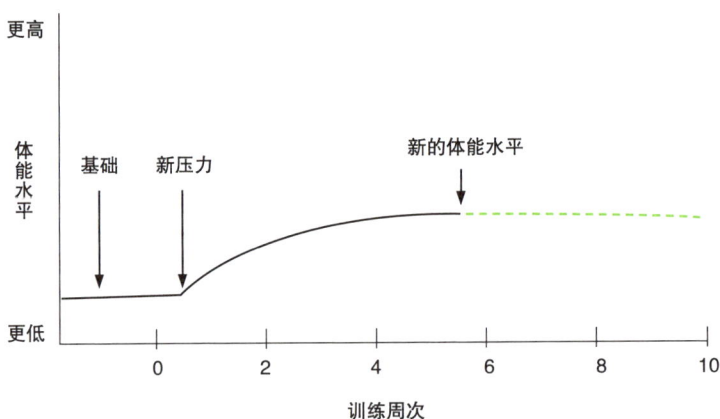

图 2-4　身体对新压力的应对

（注：本图选自 Jack Daniels. *Daniels' Running Formula, 3rd. ed.*）

第一个月的任务是给有氧系统打牢基础，第二个月是针对自己的弱项加以强化，第三个月是把自己的能力全面推向巅峰，在比赛的前两周开始恢复调整以迎接比赛。

运动强度是规律性递增的：刺激—适应—变强。如果跑步初学者的目的是打好有氧系统基础、四个月可以跑完半马，那么十六周的训练就要分为五周基础期、三周进阶期、四周巅峰期和四周竞赛期。

对初学者来说，重点是 E 强度的跑步或者走路训练。开始训练时，跑步五分钟、走路一分钟的循环是既安全又稳妥的方式。

当有了一定的基础、可以完成半马时，就可以考虑在五小时内完成全马的新计划了。这个计划就是新的刺激—新的适应—新的体能变强的过程，延续了之前的训练周期。

特别提醒：巅峰期是整个周期中训练量最大的周期，也是身体免疫力最低、最容易生病的周期，要更注意休息与恢复。

而在最后的四周竞赛期内要适度减少运动量，使比赛当天的身心状况达到最佳水平。

姿势对了，效能翻倍

如果跑步姿势不对，不但会影响跑步的速度，还会导致受伤。那么，跑步姿势有哪些常见的误区呢？

第一种是过度跨步。

过度跨步是在跑步时最容易出现的错误姿势。所谓过度跨步就是在跑步时脚部落地的位置位于膝盖的前方而不是臀部的下方。过度跨步时，受伤的位置一般都是膝盖，因为膝盖是大腿和小腿的连接处。过度跨步会形成剪应力，久而久之就会导致膝盖受伤。

什么是剪应力？打个比方，我们用锤子砸钉子时，如果钉子始终是与平面垂直的，就不会产生剪应力。如果钉子是倾斜的，通常锤子一砸下去，钉子就被砸弯了。跑步时脚部的落地点在臀部的下方，就像垂直砸钉子的情形一样，不会产生剪应力。跑步时过度跨步，脚部的落地点在臀部的前方甚至在膝盖的前方，弯曲的腿部就像倾斜的钉子，这个角度就导致了剪应力的产生。向前跨得越远，产生的剪应力越大。剪应力会造成膝盖的不当滑动，时间长了可能会引起膝盖疼痛，最终导致膝盖受伤。

如果你无法确认自己跑步时的姿势正确与否，可以让朋友用慢动作模式拍下你的跑步姿势，通过分析视频，就可以很容易地分辨出自己的落地点是否正确。如果跑步姿势不正确，要及时改正，避免对膝盖造成持续的损伤。

第二种是脚后跟先落地。

在讨论这种跑步姿势误区之前，我先提一个问题：在跑步时，前脚掌落地和脚后跟落地，哪一种落地的方法更省力？可以先自己思考一下，再对照下面给出的答案，看看你的回答对不对。

哈佛大学进化生物学教授丹尼尔·E. 利柏曼（Daniel E. Lieberman）博士做过相关研究，结论是跑步时脚后跟落地比较省力。因为脚后跟落地时，冲击力被脚跟腱、踝关节、小腿骨、膝关节、大腿骨、髋关节分散了，身体肌肉承担的力量比较小。所以，跑步时脚后跟落地的方式会让你感觉跑起来并不费力。

其他运动也是如此，比如做俯卧撑的预备姿势。做俯卧撑时，如果肘关节微微弯曲，支撑的力量被分散到了肌肉部位，就会觉得有些费力。如果肘关节伸得很直，甚至处于"锁死"的状态，支撑的力量被分担给骨骼，骨骼提供了部分支撑力，就会觉得轻松。

但是这里存在一个问题，相信是大部分人没有意识到的：我们的肌肉可以通过不断的训练变得强壮，可以提供越来越多的力量支持；骨骼和关节却不能越练越壮，它们只会在长年累月的使用中磨损、消耗。

跑步落地时对骨骼和关节产生的压力是俯卧撑准备姿势的好几倍，而且每一步前进都会产生新的压力。所以，跑步时首先要学会正确的姿势，才能减少对骨骼和关节的损耗，让自己长久地跑下去。

我们从以下三个方面来分析跑步时的正确姿势。

首先，来看跑步时的落地方式。如果跑步时是前脚掌落地，脚跟腱和小腿肌肉就可以协助减缓落地之后的冲击力。虽然跑起来比较费力，跑完后肌肉酸疼，但是这种落地方式可以减少对骨骼和关节的伤害，综合来看是利大于弊的。

当然，不是所有人都要选择前脚掌落地的跑步姿势。对跑步初学者来说，因为身体的下肢力量不足，可以先采用脚后跟落地的姿势，同时进行一些肌肉力量训练，大概在半年之后就可以转换为前脚掌落地的姿势了。

总结一下前脚掌落地这种跑步姿势的关键点：虽然跑步时比较费力，但是它能减少对骨骼和关节的压力；要增强小腿肌肉和跟腱的力量，让它们协同缓冲落地时的冲击力；跑步时不要出现过度跨步的情况，避免形成剪应力，导致膝盖受伤。

其次，跑步时膝盖要保持一定的弯曲度，这样才能在脚部落地时利用肌肉来缓解冲击力。如果膝盖是直的，脚部落地时的冲击力就又落到了骨骼和关节上。

最后，要提高步频。步频，就是两脚交替落地的速度。双脚离地的时间越长，落地时造成的冲击力就越大，所以步频越快，洛地时造成的冲击力就越小。

那么，跑步时的步频维持在什么区间比较合适呢？大概每分钟180次即可。很多人不知道如何了解自己跑步时的步频，可以在跑步时佩戴心率手表，其手机端 App 就可以自动显示步频。在了解自己的步频后，在跑步过程中尽量让步频保持在每分钟180次左右即可。

还要说一下脚后跟蹬地的动作。要想知道一个人的长跑成绩好不好，就要看他的小腿肌肉形状。日本 NHK 电视台的纪录片《马拉松最强军团》讲述了日本马拉松选手和肯尼亚马拉松选手的区别。日本选手的大腿和小腿肌肉都很结实，看起来比其他国家的选手更有力量，可是马拉松成绩却并不理想。成绩比较好的马拉松选手的小腿细长且肌肉紧实。

　　小腿粗壮，可能是跑步时过多地使用小腿发力造成的，尤其是在脚后跟蹬地的时候。很多人认为跑步时脚后跟蹬地是一个加速的动作，可事实上，脚后跟蹬地也是一个"刹车"的动作。举个例子，磁悬浮列车之所以速度快，正是因为摩擦力小，可见摩擦力的大小会直接影响速度的快慢。如果跑步时脚后跟用力蹬地，就会加大摩擦力，使得脚后跟停留在地面上的时间变长，相当于踩了刹车后再启动，速度自然就慢下来了。所以跑步时尽量不要用脚后跟蹬地。

用重力跑步

跑步时如果不用脚后跟蹬地，该怎么往前跑呢？原来我也认为必须用脚后跟蹬地才行，后来通过不断的学习，才发现跑步时确实不需要用脚后跟蹬地，这个动作对提高跑步的速度没有帮助。

这就引出了一个问题：跑步时到底应该使用哪个部位发力？或者说，究竟是什么力量促使我们往前跑？要回答这个问题，首先要学会使用重力。正确的跑步姿势又可以分解为两个问题——身体的重心放在哪里？身体的平衡如何保持？

跑步是靠哪里发力？有人认为是靠脚部蹬地发力，有人认为是靠核心部位发力。

我们不妨做个实验：保持身体完全站直，用脚部蹬地，结果发生了什么？脚后跟虽然离开了地面，身体却没有向前移动。那会不会是因为现在的姿势和跑步时腿部一前一后的姿势不同呢？可以改为弓箭步站立，一条腿在前，一条腿在后，依然保持上身挺直，这时候再用脚部蹬地，会发现身体还是没有向前移动。如果用核心部位发力，会发现即使腹部收得再紧，身体也没有向前移动。

这时，我们需要换个角度来思考：可能这个促使我们向前跑的力量并不是来自我们自身的，这个力量可能和苹果掉下来砸到牛顿头上的力一样，是重力。让我们试试把重心前移——当身体前倾到一定角度时，我们就不得不向前迈腿。如果前倾的角度过大，就会产生加速度，控制不好的话，这个加速度可能会使你摔倒在地上，而且摔倒的速度特别快，以至于身边的人可能都反应不过来。可见，前倾引起的加速度是非常快的。

科学家经过实验发现：人体前倾角度的极限是 22.5 度，超过这个角度就会摔倒。如果我们能够应用好这个角度，就可以提高跑步速度。多届奥运会百米冠军尤塞恩·博尔特（Usain Bolt）在跑步时的前倾角度可以达到 21.4 度，这个数字与人体前倾的极限角度比较接近，也就是说他很好地利用了前倾角度来提高自己的跑步速度。再加上身高的优势，重力引起的加速度就更大了。

在认识到重力是让我们跑起来的力量后，你只要把重心前移、身体前倾，就可以跑起来了。但如果不知道这个概念，不了解跑步时重心应该放在哪里，很多人的跑步动作就会出现问题。比如突发紧急情况时，你要快速地冲出去，一定要尽快改为重心向前，然后再跑出去。但是，很多老年人下意识的动作是先向下蹲，再往前跑或往前走。我经常在电视上或现实中看到老年人身上存在这种现象，越着急时向下蹲的动作越明显，这实际上减缓了跑出去的速度。

当我们用正确的方式跑起来时，是不需要用脚部蹬地的。我在上一节中说过，蹬地的动作会增加摩擦力，和踩刹车的效果一样。所以在跑步时，腿部的肌肉不需要用来发力，只需要用来支撑身体。

"用重力跑步"这个概念出自尼可拉斯·罗曼诺夫（Nicholas Romanov）的《姿势跑法》（*Pose Method of Running*）。此外，罗曼诺夫还有一个更重要的观点：移动的过程不是主要靠肌肉发力，而是遵循着重力—质量—支撑—体重—肌肉做功—支撑转换—移动这样的流程（见图2-5）。听起来有些复杂，但这正是运动的核心理念。

图 2-5　跑步时的移动过程

　　我们拿最简单的动作来说明，比如我想从椅子上站立起来这个动作。按照以前的思维，我认为自己是上身不动，只依靠双脚发力站起来的。可事实是，如果上身保持不动，双腿无论如何发力都站不起来。我能在椅子上坐着的原因就是因为有重力和质量，也是因为臀部、腿部的肌肉在支撑我的体重完成坐着的这个动作。如果我要站起来，身体前侧的肌肉就会收紧，身体前倾，把重心调整到腿上，这个环节就是支撑转换和移动；腿部支撑起身体的重量，再继续慢慢调整重心，支撑体重，最后完成从坐着到站起这个动作。这和我们之前认为的肌肉越大就越有力的理论完全不同。在罗曼诺夫的理论中，肌肉的作用更多是支持体重和支撑转换。

　　我在了解了这个重新看待运动的观点后，才知道怎样骑单车更高效。

　　之前骑共享单车时，因为我比普通人高很多，所以车子对我来说太小了，骑起来很费劲，尤其是大腿前侧特别酸，我以为这是身高和车型不匹配造成的。在了解了罗曼诺夫的观点后，我查看了环法自行车赛的视频，发现自行车运动员在比赛时会不断地左右移动自行车车把，可以明显看到自行车车把的移动轨迹。也就是说，他们不仅在用腿部向下发力，而且在靠改变重心发力。把交换重心的压力和腿部向下的蹬力合在一起，力量就大了很多。有资料显示，现在自行车运动员的大腿围度比 50 年前的自行车运动员的大腿围度细了两圈，说明现在的自行车运动员通过改变发力的动作使得大腿肌肉减少了，与此同时，整体效率比以前更高了。后来我在骑共享单车时，也改为靠重心的偏移发力，一下子就轻松了很多，大腿前侧也不酸痛了，骑的速度更快了。

这个理论不仅可以应用在运动中，在生活中也同样可以用到。我妈妈之前得了"网球肘"，在拧毛巾时总觉得前臂肌肉疼。我仔细观察后发现，她在拧毛巾时肘关节不动，只靠两个手腕发力，导致手腕承担了过多的压力。如果用改变重心的方法，让脚部、腰部、肩部、肘部和手腕一起用力，动作有点像太极拳的发力方式——全身发力，拧毛巾时就会感觉很轻松，关节的负担也变小了。

我通过和一位按摩师朋友聊天才知道，原来好的按摩师在给客人做按摩时，也是把全身能借用的力量都聚集在手指上。如果按摩师不懂这个道理，只用手指的力量按摩，估计即使把手指按断了也不会获得太好的效果。

越擅长跑步，肌肉越柔软

为了跑步时姿势正确，首先要确定自己的前倾角度是否科学。怎样才能知道自己跑步时前倾角度的大小呢？可以用视频记录下来，更精确的数值需要借助一些 App 进行分析，然后根据得出的结果去改善调整。

也可以找朋友帮忙，通过以下两个练习改善前倾角度。

练习一，角度变换训练。B 把手掌放在 A 身前 10 cm 处的位置，A 以原地跑的姿势跟着 B 手掌的移动慢跑，在持续一段时间后，B 把手掌移开，A 继续向前跑，这时 A 会发现身体前倾角度的改变，并且使用的应该是前脚掌落地的姿势。尽力去体会这种感受，并形成动作记忆（见图 2-6）。

练习二，重心控制训练。A 用惯常的跑姿跑 30 米，记住这种感受以及花费的力气。然

图 2-6　角度变换训练示意图

后 B 用手掌顶住 A 的腹部，用力向后推。与此同时，A 收紧腰腹，并与来自 B 手掌的推力形成均衡对抗，原地跑起来。保持这种对抗状态 10 秒之后，B 把手掌移开，A 继续向前跑 30 米。对比前后两次 30 米跑，体会后一种姿势的轻松感受，并形成动作记忆（见图 2-7）。根据学员的反馈，用重心跑步至少能轻松 20%～30%。

图 2-7　重心控制训练示意图

另外，跑步的力量训练对于形成正确的跑步姿势也很重要，就像前文说过的，前脚掌落地的跑步姿势需要有足够多的肌肉支撑才能保证姿势的正确。

跑步的力量训练和健身的力量训练是不同的。

以我们身边善于奔跑的动物为例。家里的猫或狗一般都是能跑也爱跑的，一到绿地上就开始飞奔，我们根本追不上。这时如果仔细观察就会发现，为了保持身体平衡，它们的后腿无法完全伸直。再摸摸它们的大腿肌肉，会感到非常柔软。

这和我们过去了解的信息可能不一致，以前许多人认为，有岩石般坚硬的肌肉是拥有力量的象征，但事实并非如此。如果肌肉没有弹性，像石头般坚硬，跑起来时身体的负担会很重，而且肌肉过于僵硬会导致无法有效地活动，也会影响跑步的速度。事实上，在跑步时，肌肉越有弹性和柔韧性，跑步的效率就越高，还能降低受伤的概率。

再观察一下小猫、小狗的爪子，都有几个软垫，跑起来也不会发生"脚后跟"撞击地面的情况。动物用脚掌跑步，效率更高，而且在肌肉有弹性的情况下，步频也会更快。

那么，什么样的训练能让肌肉更有弹性和柔韧性呢？

贝科吉（Bekoji）是埃塞俄比亚的一个小村镇，出了十几位长跑比赛金牌获得者。其中，德拉图·图鲁（Derartu Tulu）夺得了1992年巴塞罗那奥运会女子10 000米的金牌，法图玛·罗巴（Fatuma Roba）获得了1996年亚特兰大奥运会的女子马拉松冠军，塔里库·贝克勒（Tariku Bekele）赢得了2008年世界室内田径锦标赛男子3000米的金牌，而根泽贝·迪巴巴（Genzebe Dibaba）在21岁时已经获得了世界室内田径锦标赛女子1500米的冠军。

有部纪录片 *Running in Bekoji Warm up – the Ethiopian Way March 2016* 专门记录了当地人的训练生活，他们会随着节奏单脚跳、双脚跳，甚至还有类似于跳绳的动作。正是这些跳跃动作让他们的肌肉柔软而有弹性。

由此可见，跑步的力量训练的目的是让肌肉更有弹性和柔韧性。为了达到这样的目的，训练中必须包括弹跳训练。

此外，跑步时保持身体不左右晃动也很重要。所以，平时需要进行核心部位的训练，包括腹部、臀部的训练，以增加身体的稳定性。可参照图2-8进行训练，这些训练可以在健身房完成。

平板支撑标准版

平板支撑进阶版

图 2-8 平板支撑训练

耐力提升诀窍：
从燃糖模式切换到燃脂模式

    说到耐力问题，我们马上就能想到马拉松选手。很多选手在跑马拉松时从头到尾都保持着轻松淡然的表情，而普通人往往跑几千米就会出现咬牙切齿、想努力坚持却坚持不下去的痛苦表情。我们总说这是体能不同引起的，但事实上，这不仅仅因为体能，还因为普通人和优秀的马拉松选手使用的能量来源不同，也就是提供能量的"燃料"不同，而这才是关键。

    我们的体内主要有三种提供能量的物质：糖类（碳水化合物）、蛋白质和脂肪。在正常情况下，蛋白质的使用并不多，可以忽略不计。主要是糖类和脂肪在为我们提供能量。我们身体里储存的糖类只有 400 g 左右，可以支撑跑 20 km 左右的能量消耗。而我们身体里含有大量的脂肪，比如一个体重 60 kg 的人，如果体脂率是 20%，他的脂肪含量就是 12 kg。12 kg 脂肪提供的能量足够跑 1542 km，大致相当于从北京到长沙的距离。由此可见，靠消耗糖类提供能量的人是跑不远的，而且其耐力会比较差。

    之前曾有一个实验，研究人员找了 61 个实验对象，测试这些人在平静状态下的能量消耗来源，发现差异非常大。其中的大多数人平时会消耗糖类和脂肪；有一位消耗了很少的脂肪和75%的糖类；还有两位消耗了100%的脂肪，这两位就是所谓的"燃脂机"，属于睡觉时都在燃脂的"天生的瘦子"。

由此可见，能更多地利用脂肪来提供能量不仅可以提升运动耐力，而且是保持好身材的关键。幸运的是，这个能力是可以训练出来的。

怎么训练呢？就是要经常慢速跑，即前文提到过的E强度运动和M强度运动，才会达到这样的效果。如果直接做高强度的间歇训练，反而没有明显的效果。

这又是为什么？

首先，决定每个人消耗的是糖类还是脂肪的最关键的因素是运动强度。只有在进行低强度运动时，人体才以脂肪消耗为主，更多的低强度有氧运动会增加肌肉中的脂肪分解酶。在进行高强度运动时，人体消耗的是身体里的糖类，同时也会增加肌肉中的糖类分解酶。所以，高强度的运动会消耗更多的卡路里，但是燃脂率并不高。

还有一种说法是在高强度运动之后，身体消耗得更多。有个专业概念叫EPOC（过量氧耗），EPOC会随着运动能力的增强而越来越少，也就是说，运动水平越高的人，身体恢复得越快，EPOC越少。因此，高强度运动的燃脂效果并不好。

其次，通过长时间低强度的有氧训练，会形成更多用于脂肪燃烧的耐力型肌肉。人体的肌肉分为红肌和白肌。其中，红肌血管丰富，持久性强，但是爆发力弱，主要用于长时间中低强度有氧运动的能量代谢。比如鸽子的翅膀属于红肌，所以鸽子可以在空中长时间地飞翔。白肌的特点是爆发力强，但是耐力差，主要用于高强度无氧运动的能量消耗。比如公鸡的翅膀就是白肌，所以只能扑棱两下，飞不起来。这是两种不同类型的肌肉。

白肌中有一种 2A 型白肌，可以转化成红肌。打个比方：红肌工作了一个半小时后体力不支了，寻求白肌的帮助，于是就有一部分 2A 型白肌渐渐变成了红肌。这种人的耐力会越来越好，燃烧脂肪的能力也会越来越强。所以，训练时先从有氧基础 E 强度或 M 强度开始，这一点非常重要。打好耐力基础，才会有好的持续运动的能力。

有人问跑步时如何呼吸，其实这个问题的答案并不是固定的。罗曼诺夫的调查结果显示，呼吸方式是没有特定标准的，其中 70% 左右的优秀耐力运动员是两步吸两步呼的方式。你可以尝试这种方式，但也不必非要据此改变。有意识地去调整呼吸，看一下哪种呼吸方式更适合你自己。

说到呼吸，有一个很有趣的问题，就是当跑步或其他运动方式的强度太大时，运动者会喘不上气来，只能大口大口地呼吸。绝大多数人都认为这是体内缺氧的表现，事实上，这时体内的氧气是充足的，并不存在缺氧的情况，而是因为体内二氧化碳的浓度过高，需要大口吐气把二氧化碳吐出去。

很多人在跑步时都会遇到岔气的问题。从字面上看起来，岔气应该和呼吸相关，其实岔气的学名叫作"膈肌痉挛"，是肌肉的问题。膈肌就是位于我们胸腔和腹腔之间、负责呼吸的肌肉。岔气就是膈肌引起的问题，往往发生在没有进行充分热身就开始运动的情况下。所以，在运动之前一定要做好热身和动态伸展。如果不做热身，跑步时心率是缓慢上升的，这是因为身体的血液大都储存在内脏中，只有经过充分的热身活动，血液才会从内脏流入四肢。

此外，还有一件有趣的事情——我们人类的呼吸是非常特殊的。我们可以选择两步一呼吸，也可以选择三步一呼吸，但其他动物无法选择，比如小猫、小狗的呼吸方式只能是一步一呼吸。之所以有这样的区别，是因为膈肌压力的不同。人类是站立行走的，膈肌不会受到冲击。其他动物是四肢着地行走的，每跑一步膈肌都会受到前后的压力，所以，它们只有一种呼吸方式，而我们人类的呼吸方式是独特的、形式是不固定的。我们可以根据自己的习惯和身体的实际状况选择呼吸方式。

欲善其事，先利其器
——选对跑步装备

制订好科学的跑步方案后，在正式跑步之前，还需要配备正确的跑步装备。

我们就以冬季跑步为例，来说说在选择跑步装备时应该考虑哪些问题。如果是在其他季节跑步，按照大气情况和具体需求减少衣服即可。

第一步，上装选择。

冬天跑步要考虑的是怎么穿得既保暖又排汗。

上装内层衣服"速干、排汗功能良好"，选择标准的重要程度顺序依次为：速干材质、面料厚度、产品科技特点。

首先，要保证衣服的材质是可以速干的。速干面料的原理是：内层吸汗，外层扩散蒸发。这样的设计可以保证跑步时流出的汗液及时经由衣物面料蒸发至体外。如果没有速干衣在最内层及时排汗，跑步时出的汗就会捂在身体和衣服之间的空隙里。时间一长，不仅会引起跑步时的不适，而且在跑步结束后，汗液迅速吸热蒸发，身体温度骤降，还容易导致着凉感冒。

其次，要根据自己的情况选择面料厚度，比如内部抓绒的速干长袖或者羊毛材质的速干长袖。最后，可以结合最新的科技成果挑选产品。

中层衣服"保暖"，如果你在跑步前进行了充分的热身，即使是在深冬，长袖 T 恤外加跑步马甲也能满足跑步时的保暖需求。选择跑步马甲有三个重点：轻质、保暖、透气。

冬季跑步是一件考验我们意志力的事情，尤其是寒冬季节，室外温度的骤降让很多喜欢跑步的人不得不放弃。如果有一件足够保暖的跑步马甲可以锁住体温，我们就能舒适地跑下去。

但保暖不是跑步马甲的唯一选择标准，它还应该兼具"轻质"的特点。如果穿着厚重的羽绒马甲进行长距离的慢跑，虽然保暖性不错，但它过于沉重，会增加身体的负担。因此，在选购跑步马甲时，保暖性和轻质性缺一不可。

此外，跑步马甲还要有良好的透气性，可以促进汗液的快速蒸发，避免身体过于潮湿，降低冬季跑步时身体温度频繁变化带来的不适感。

外层衣物"防水、防风"。最外层的衣物用以应对天气的不断变化，因此，我们可以根据运动场合、运动状态、体感温度，决定穿上或脱掉外层衣物。比如，当一件跑步马甲不能满足保温需求时，可以在马甲外面穿一件防水防风的跑步外套。这样的外套保证我们在雨雪、大风天气也能舒适自如地跑步。

外层衣物的选择标准有以下四点。

1. 防风防雨面料；

2. 外层有反光涂层，可以让我们在光线昏暗时跑步更安全；

3. 后背、腋下有专门的散热透气设计，可以防止闷汗；

4. 袖口有专门的调节设计，可以稳固衣袖，起到保暖作用。

第二步，下装选择。

跑步时，下装内层应该选择紧身裤，选择时可以从三个方面考虑：材质、剪裁、反光面料。总体来说，质量好的紧身裤弹力更大、面料更薄、剪裁更合体，反光面料的使用超过 50%。简言之，基本上是越贵的质量越好。有一些冬季的跑步紧身裤内部有抓绒，也可以选择这种紧身裤，保暖效果更好。

外层是宽松的运动裤，也是为了在热身和训练前后保温，防止着凉。一般在热身结束后需要脱下外层运动裤，再开始正式跑步。如果温度特别低时仍然想坚持跑步，可以选择训练用的保暖裤。可以购买一条速干型训练保暖裤，穿在跑步紧身裤里面。如果不想额外花钱，也可以直接穿两条跑步紧身裤，同样可以起到很好的保暖效果。

第三步，鞋子选择。

大部分人都知道跑步需要配备专门的跑步鞋，却不知道正确的选择标准有哪些。买了双价格不菲的跑鞋，穿着它跑起来非常舒适，但跑了一段时间后出现了膝盖疼痛的现象，这是怎么回事？可能是生产厂家对鞋跟处重点做了避震处理引起的。这种处理方式让我们在跑步时即便采用脚后跟落地的姿势也感觉不到疼痛，但带来的负面作用就是"鼓励"我们一直使用错误的姿势跑步。所以，虽然我们知道膝盖疼是跑步姿势不正确引起的，但很少会考虑到可能是跑鞋导致了跑步姿势不正确。那么，该如何正确地选择一双合适的跑鞋呢？

首先，需要选择平底的跑鞋，也就是前脚掌和脚后跟之间零落差。穿这样的平底跑鞋跑步时，采用的是人体自然的落地方式：从跖球部过渡到脚掌再到脚后跟。

其次，跑鞋要轻盈。如果鞋子比较重，会延缓跑步过程中后面那只脚往臀部方向收的过程。这个动作被拖慢，就会影响落地姿势或者跨步姿势，进而引起受伤。那些有强缓冲避震效果的、加了厚底的鞋子，一般会比较重，对跑步并无好处。

掌控
重启不疲惫、不焦虑的人生（经典修订版）

最后，要选择适合自己尺码的跑鞋。如果鞋子过小，跑步时脚趾挤在一起不能放松，就会磨出又疼又痒的水疱，甚至出现莫名其妙的拇指外翻的状况；如果鞋子过大，脚趾可能会偏离正常范围，跑起来反而不方便。鞋头的设计应该符合脚趾的自然排布方向，给予每一根脚趾足够的空间，让脚趾充分放松且在可灵活发力的同时又不会偏离活动范围。充分利用脚趾的运动本能给脚部和腿部的运动提供支持，这样的跑鞋会极大地降低水疱、拇指外翻、耻骨痛等让人心烦的伤痛概率，提升跑步的稳定性。

总结一下，一双合适的跑鞋应该是这样的：平底、分量轻、鞋跟不厚、鞋头保持适当的宽度、穿上后脚趾有充分但不过分的活动空间。

对有扁平足的跑步者来说，一般应选择控制型跑鞋，就是能给予脚部一定的支撑保护的跑鞋。但这种跑鞋一般会重一些。

而对初跑者或者老年人来说，可以先选择有缓冲效果的厚底鞋，等慢慢适应之后再更换为跑步者常用的跑鞋。

我特别喜欢的一位教练叫约翰·伍登（John Wooden），他曾以教练的身份入选奈史密斯篮球名人纪念堂，后来又被ESPN评为"20世纪最佳教练"。他带领的大学篮球队在27个赛季中赢过620场比赛，也创造过美国大学生体育协会史上最长的4赛季88场比赛的辉煌成绩。伍登教练在第一次训练课上会亲自示范如何穿袜子、如何系鞋带。他认为将自己可以掌控的细节、技术、战术等做到最好，才能保障球员的安全，取得更好的成绩。

细节决定成败，这句话我也深有体会。拿系鞋带来说，运动项目不同，系鞋带的方式也不同。我以前是篮球运动员，在打篮球时有很多变向和转身动作，这就需要把篮球鞋的鞋带从下到上整个系紧，才能稳定脚踝，保证肢体的灵活性。

跑鞋的系法就不一样了。首先，把鞋子前半部位置的鞋带放松，让前脚掌有充分的活动空间，避免在不断重复的落地动作中，脚部被跑鞋勒到变形。如果你的前脚掌比较宽，就更要注意这一点。

其次，将脚后跟贴紧跑鞋后帮处，然后系紧脚踝处的鞋带，这样脚部不会前后移动，既能防止脚踝受伤，也能给前脚掌留出富余的空间，避免磕到脚趾盖引起疼痛。

要特别提醒的是，专业跑鞋最上面有两个鞋带孔，如果你要跑 10km 以上，建议把这两个鞋带孔系上，脚部稳定对于长距离跑是非常必要的。不要小看这些细节，能减少很多疼痛和伤害。

袜子的选择也同样重要。有一个学生对我说，自从开始跑步，他脚上就起满了水疱。后来我发现他穿的是尼龙袜，这种材质的袜子包裹性差，在跑步时袜子和脚底会不断发生摩擦，水疱就是这么来的。

那跑袜该怎么选择呢？首先，选择混纺材质的运动袜，如果脚踝处有收紧功能的更好，可以起到帮助脚踝支撑的作用。其次，经常更换运动袜，因为长时间穿着，袜子会因失去弹性而变得不平整，穿着这种袜子跑步，容易在脚部某一个位置出现水疱。最后，有的人特别容易把袜子卷进两个脚趾缝之间，遇到这种情况可以选择五指袜。

这里还要提一下冬季跑步最不可或缺的配件——手套。手和脚位于人体的远心端，跑步时双手基本处于半握拳姿势，长时间没有活动更容易被冻伤。因此，一副合适的跑步手套对跑步者来说很重要。目前市面上的跑步手套主要有三种：薄款、厚款、防风防雨反光涂层款。具体选择哪一款可以根据跑步的时间和环境温度来决定。

（扫码关注"张展晖教练"公众号，在"提升精力"版块观看视频解说。）

第三章

精力饮食

——吃对了，抗衰老、不疲惫

错误的饮食方案

让你体重增加、疲惫不堪

正确的饮食方案

让你变美变瘦、精力充沛

每天 8 km，
为什么还是跑不掉"游泳圈"

很多人在跟随手机运动软件中的课程进行训练后，发现自己的精神状态变好了一些、关节灵活了一些，但是体重却没什么变化。甚至很多在健身房坚持运动了一段时间的人，也出现了同样的问题。这样看起来，运动似乎对于体重的改变并没有明显的效果。

比如说我妈妈，她 55 岁以后养成了晨跑的习惯。只要空气好、不下雨，她在田径场上一跑就是 20 圈，运动距离足有 8 km。这个习惯已经坚持了五年，她的心肺能力确实增强了很多。前两年，我打算和她一起跑步，没想到跑到第 12 圈时，她已经整整领先了我一圈，这身体状态真是令人羡慕。但是，说到身材，她的腹部依然有一个明显的"游泳圈"。

原因是她每天跑步的运动强度并不低，身体里的糖类消耗得非常多，会出现强烈的饥饿感，需要吃东西及时补充体力。我妈妈特别喜欢吃零食，什么雪饼、巧克力、瓜子等，家里的桌子上堆成了小山，每次跑完步她都会随手抓起零食就吃。

每天跑步 50 到 60 分钟，最多可以消耗 400 多千卡[①]的热量。这 400 多千卡相当于三把瓜子或十个雪饼或一袋奥利奥饼干的热量。如果每天跑步的时间为半小时，消耗的卡路里也就相当于一小罐可乐的热量。

从控制体重的角度来说，为了喝一小罐可乐要跑半小时，真是喝不下去。如果想喝 1.2 L 可乐，大约要连续跑步两个多小时。如果再加上一包薯片、一包奥利奥饼干和一块巧克力，为了消耗同等的热量，估计早上出门晨跑，晚上才能回家。

然后第二天为了再吃，还得接着跑……

这样用跑步来消耗吃进去的热量，实在是太不划算了。一个关注健康饮食的俄罗斯网站"Fit Talerz"推出过一组照片，主题就是"要跑多远才能消化这些食物"。表 3-1 展示的就是在满足一天的基本热量需求后，消耗多吃的种种食物的热量所需要的跑步距离。

如果在吃这些食物时想到要跑的距离，估计就能管住嘴了。

从人类的诞生之日起到数十年前，食物并不像今天这般丰盛，大多数时间人们都是能量不足的。这些能量

表 3-1　消耗不同食物对应的跑步距离

食物	消耗对应的跑步距离
玉米一根	2.38 km
（麦当劳）吉士汉堡一个	4.05 km
薯条一份	5.97 km
苹果一个	0.89 km
巧克力蛋糕一块	6.94 km
费列罗巧克力两颗	2.21 km
士力架一条	3.66 km
乐事薯片一包	10.47 km
喜力啤酒一瓶	2.88 km
霜糖花生一包	3.6 km
速溶咖啡一杯	0.42 km
可乐一罐	1.87 km

---

① 1 千卡 ≈ 4.186 千焦。——编者注

如此珍贵，身体怎么会舍得浪费呢？

美国杜克大学的进化生物学家赫尔曼·庞泽（Herman Pontzer）博士和团队的研究实验就证明了这一点。他们把坦桑尼亚的哈扎人（Hadza）和现代西方人进行了比较，结果发现，以游猎、采集为生的哈扎人和享受着现代便利生活的西方人消耗的能量大致相同。

这个结果与我们过去的认知相反，过去我们认为运动量越大，消耗的能量就越多。赫尔曼·庞泽等人的研究结果表明，更大的活动量并不一定会消耗更多的热量，因为我们的身体代谢是有上限的。

为了进一步研究代谢上限的数值，他们组织了一次为期 300 天的耐力运动实验，通过对不同耐力项目参与者的观察分析，发现刚开始大量运动时，参与者的能量消耗明显增加。但保持同等运动量 1～2 周后，其能量消耗会快速下降，造成这种变化的原因是参与者在运动一段时间后，其身体代谢达到了上限。这也是为什么只靠运动减肥的人，初期变化明显，后期越来越难。

了解身体代谢上限对我们有什么好处？

第一，改变了只有运动才能减肥的想法——即使超量运动也没用。第二，为身体恢复提供了量化指标。当运动消耗不超过代谢上限时，身体才能更好地恢复。代谢上限通常是我们身体基础代谢率的 2.5 倍，基础代谢率和身高、体重、年龄成正相关关系，我在后文中会讲到计算方法。我们在制订运动计划时，将运动消耗的能量设定为基础代谢率的 1.8～2.2 倍，就能保证身体有足够的能量来恢复，达到运动效果的最大化。

赫尔曼·庞泽等人的实验证明，运动和能量消耗之间并没有直接关系。也就是说，运动可以让你保持体重，但不一定能减轻体重。而且大部分人在运动之后都有寻求补偿的心理，一些看起来热量不高的能量补充，在不经意间就能填补之前运动所消耗的热量。

可见，运动并不是控制体重最有效的方法，而控制饮食才是最重要的。体重减轻，心血管压力也会随之变小，整个人会变得更轻松，精力更充沛。就像在发动机规格相同的情况下，汽车的总重量越轻，开起来就越容易。

既然饮食和体重的关系如此密切，那么我们到底应该吃什么、怎么吃呢？

断食 7 天，
脂肪也减不掉 1 kg

总有人觉得减肥就是少吃几顿饭的事，更极端的是，曾经有人问我：辟谷这种几天不吃饭的方法对于减肥有没有帮助？

日本有位男性把自己当作试验品，进行了一次断食试验，即 7 天内只喝水，不吃任何东西。试验开始前，他的体重是 64 kg，7 天结束后，他的体重是 56.35 kg，整整减少了 7.65 kg。从照片中可以看出，他的腹部和肋骨变化非常明显，毋庸置疑是变瘦了。

但具体的测试结果很"打脸"：减少的 7.65 kg 里只有不到 1 kg 的脂肪。看到这个数据，估计很多人都产生了怀疑——脂肪真的只有这么少？那减少的其余 6.65 kg 是什么呢？别着急，我们一个一个来分析。

在正常进食的情况下，我们体内的肝脏和肌肉中会储存充足的糖分。断食时，由于没有食物提供的糖分，身体就会优先消耗体内存储的糖分。

人体内储存糖分的方式是把糖和水混合在一起，1 g 糖需要混合 3 g 水。同样地，消耗时也是每消耗 1 g 糖就要排出 3 g 水。

普通人的体内大约存有 400 g 糖分。断食的第一天，身体会把这部分糖全部消耗完，同时排出大约 1200 g 水，糖和水加起来一共约为 1.6 kg，这就是减少的体重数量。

所以，我们会发现断食的第一天减重最多，也最有效果。这也是很多人认为不吃主食、不吃糖就会瘦得快的原因。

断食的第二天，人体内储存的糖分已经消耗完，大部分人会认为应该开始消耗脂肪了。但事实上，消耗最多的不是脂肪，而是宝贵的蛋白质，蛋白质的消耗约占第二天总消耗量的 80%。

这是因为人体耗能最多的部位是大脑，而大脑只能依靠葡萄糖来供能。当第一天把糖分全部消耗后，为了继续给大脑提供葡萄糖，人体只能从其他地方转化葡萄糖。考虑到将脂肪转化为葡萄糖的过程比较复杂，身体就优先选择了简单易行的方式——将蛋白质转化为葡萄糖为大脑供能。

人体每消耗 1 g 蛋白质，同步消耗约 0.7 g 水，体重就会减少 1.7 g。与消耗 1 g 糖可减少 4 g 体重比起来，数值减少了一半多。

除去 80% 的蛋白质，另外 20% 的脂肪的消耗方式是：人体每消耗 1 g 脂肪，排出 0.3 g 水。

所以，断食第二天大约消耗 160 g 蛋白质、20 g 脂肪和 120 g 水，体重总计减少 300 g 左右，体重减少的数值明显下降。

之后的每一天，随着身体里的蛋白质越来越少，蛋白质的消耗量逐渐减少，脂肪的消耗量越来越多。

直到第七天，身体会消耗大约 50 g 蛋白质和 50 g 脂肪。

所以，为时 7 天的断食减肥，脂肪的总消耗量不到 1 kg，其他的消耗还包括 400 g 左右的糖分和 200 g 左右的蛋白质。剩下的，全是水。

当然，7 天之后脂肪的消耗会越来越多，可是又有几个人能坚持下去呢？而且长期断食带来的更有可能是免疫力和精力的严重下降。

可见，断食瘦身的方法不可取。

不可否认的是，最快的瘦身方法肯定是不吃饭加上高强度训练。先不说过程痛苦不痛苦，这种做法本身就是有生命危险的。

2023 年，在陕西华阴某减肥营，一位年仅 21 岁的女网红不幸去世。据了解，她在两个月内暴瘦 57 斤 [①]。

另外，我们应该知道的是，为了保证给大脑和肌肉提供足够的能量，人体内的糖分需要均衡地保持在 400 g 左右。挨一天饿，减掉 400 g 糖和 1200 g 水，体重减少了 1.6 kg，的确很有成就感。可是，第二天一吃饭，减掉的糖和水就补回来了，白白饿了一天。

从以上数据来看，一个人即使一周不吃饭，大概就会得到这样的减肥结果，脂肪减少了不到 1 kg。而且人不可能一直坚持断食，在恢复正常饮食后体重很快就会反弹。这种得不偿失的方法，是不是可以置诸脑后了？

---

① 1 斤 = 500 克。——编者注

顶尖运动员的
巅峰状态饮食法则

　　为了研究科学且有效的体重管理方式，我曾考虑过，在顶尖运动员身上寻找更好的方案。

　　大家都知道，运动员是对体重要求非常精确的人群，尤其是参加散打、拳击等分重量级别项目的运动员，赛前对体重的要求特别严苛，毕竟在对抗类项目中，体重越大，力量优势越明显。比如，一个拳击运动员要参加75 kg级别的比赛，他和对手的体重都必须保持在69～75 kg，如果他的体重正好是75 kg，肯定就占据了最大优势。

　　有了这样的想法后，我开始研究顶级运动员们到底在吃什么、怎么吃。

　　我发现运动员体能训练中心会配备专门的营养师、体能教练和康复师，他们会针对运动员的状态制订专业性极强的饮食、体能、康复计划。其中，营养师会根据教练的训练计划设计饮食方案，比如进行高强度训练时，需要增加饮食中糖分的比例，因为中高强度的运动都以消耗糖分为主，越是挑战运动员极限的高强度运动，越离不开糖分。糖分摄入不足会导致肌肉缺少力量，从而影响运动能力。而进行肌肉训练时，需要增加饮食中蛋白质的比例，因为肌肉的生长是以充足的蛋白质为基础的，如果蛋白质摄入不足，肌肉就会越来越松。每一份饮食计划都是为单个运动员定制的，然后严格按照计划提供饮食，其中，关注点不仅仅是体重，还有体脂率等其他参考系数。

正是这些细节上的差异，让运动员在篮球、足球等体力消耗大的运动对抗中保持优势。

也正是这些细节上的差异，让很多误以为不吃主食就能有效瘦身的人，最终半途而废。不吃主食，减少糖分摄入，会让大脑昏昏沉沉，做事没有动力、缺乏幸福感，还怎么谈得上精力充沛？必将事与愿违。

每个人都应该制定适合自己的精力食谱。一顿吃几两①饭（糖类）、几两肉（蛋白质、脂肪）、几两蔬菜，才能保证每天都头脑清醒、精力充沛，这就是适合自己的饮食方案。错误的饮食方案带来的不是幸福感，反而可能是体重增加甚至是生命危险。

① 1两＝50克。——编者注

吃饱和吃对是两回事

　　食物是人体的"燃料"，我们所选择的食物应该是让身体没有负担的食物，让我们食用后感觉轻松、舒服，精力更加充沛。

　　选择什么样的食物能够起到这样的效果呢？

　　先来回答一个问题：如果我们把自己比作一台保时捷跑车，我们会选择什么样的汽油加满油箱？我想，你绝对不会选择劣质汽油，否则车一定会出问题。

　　选择食物也是同样的道理。想要有充足的精力就必须选择优质的"燃料"，在选择优质"燃料"之前首先要弄明白，什么样的食物是有杂质的劣质"燃料"？

　　可以回想一下，你在吃了很多高糖、高油、高热量的垃圾食品，比如薯条、炸鸡、人造奶油蛋糕后，会不会感觉自己的反应速度变慢了，然后越来越困？

　　饱瘦训练营中有个学员，刚开始的几天体重控制得很好，在周末决定补偿一下自己，中午吃了大量的炸鸡、薯条，吃完以后觉得昏昏沉沉的，就在沙发上睡着了，一直睡到晚饭时间，这一天莫名其妙地就结束了。

为什么会这样呢？

这是因为在大量的劣质"燃料"进入体内后，身体消化起来非常吃力。为了消化这些食物，大量的血液集中到胃部工作，大脑就会出现供血不足的情况。这时，一个人不但精力没有提升，反而会一动都不想动，很快就能睡着。

这类食物可谓百害而无一利：第一，不但没有补充精力，反而消耗了我们更多的时间；第二，入睡以后消化系统还在不停地工作，身体没有得到充分的休息；第三，摄入能量过多，超出基本需要的多余能量会被储存在身体里，成了负担。

大部分高糖、高油、含有多种添加剂的零食类食品都属于劣质"燃料"，会在身体代谢中产生残渣，摄入过多会导致身体越来越重、精力越来越差。

这位学员在听了我的讲解后，明白了这些食物不单单给身体添加了劣质"燃料"，还影响了整个机体的运作，导致身体像汽车一样"原地抛锚"了，浪费了大量的时间。于是他就慢慢远离了这些食物。

那么，什么样的食物有助于提升我们的精力呢？让我们先来看看人体系统的"使用说明"。

人体和汽车的使用方式不同。汽车只有一个油箱，把这个油箱加满汽油就可以工作了。但人体属于"混合动力型设备"，有三个"油箱"，分别需要碳水化合物、蛋白质和脂肪，也就是营养学里说的三大宏观营养素。此外，还有维生素、矿物质等人体必需的微量营养素。可以把这些微量营养物质想象成汽车需要的"润滑油""机油"等，它们对汽车来说也非常重要，但需要的量并不多，所以是微量。

原本我一直希望寻找一种最简单的精力饮食方案，只吃一种食品或者只喝一种饮料就能变瘦或变健康。但转念一想，中国居民平衡膳食宝塔为什么（在水之上）包含五层呢（见图3-1）？

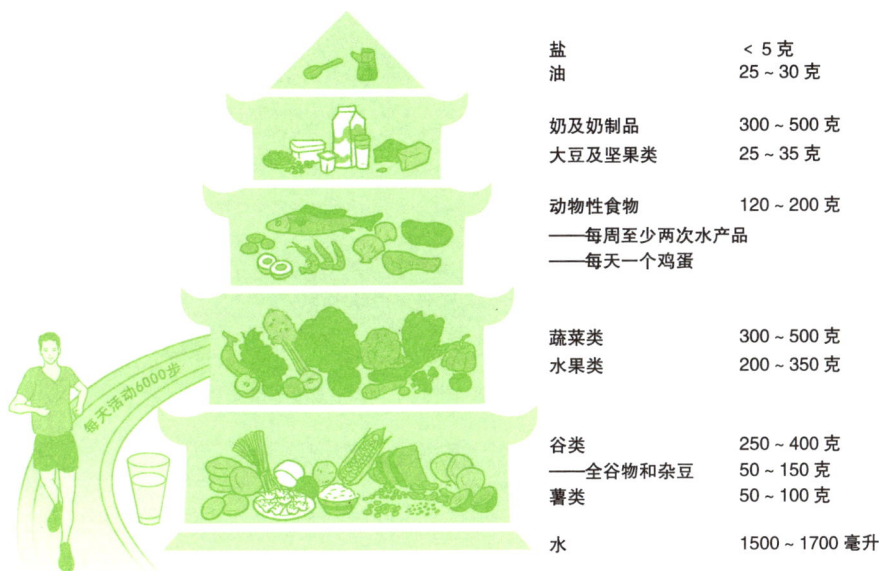

盐	< 5 克
油	25 ~ 30 克
奶及奶制品	300 ~ 500 克
大豆及坚果类	25 ~ 35 克
动物性食物	120 ~ 200 克
——每周至少两次水产品	
——每天一个鸡蛋	
蔬菜类	300 ~ 500 克
水果类	200 ~ 350 克
谷类	250 ~ 400 克
——全谷物和杂豆	50 ~ 150 克
薯类	50 ~ 100 克
水	1500 ~ 1700 毫升

图 3-1　中国居民平衡膳食宝塔（2022）

查理·芒格说过："我最反对的是过于自信、过于有把握地认为你清楚你的某次行动是利大于弊的。你要应付的是高度复杂的系统，在其中，任何事物都跟其他一切事物相互影响。"

同理，我们在面对人体这个复杂的系统时，要明白过于简单的方案并不适合它。这也是中国居民平衡膳食宝塔（在水之上）包含五层的原因。人体有三个"油箱"，而且这三个"油箱"是互相关联的，无论哪一个之中的"燃料"长期不足，都会影响整个身体系统的正常运转。因此，我们要分别从这三个方面寻找有助于提升精力的优质"燃料"。

这种食物吃少了不快乐，吃多了不精神

我们先从第一种"燃料"——碳水化合物说起。

可以说，碳水化合物是我们最容易获取的食物。

想象一下你每次逛超市的场景：大部分货架上都是糖果、饮料、米、面、甜点等，食品区几乎有三分之二的区域展示的是碳水化合物含量高的食品，而富含蛋白质的肉类和富含脂肪的食用油只占了剩下的三分之一。为什么这样摆设呢？因为主食在饥饿时带来的饱腹感、甜品带来的幸福感、水果制造的甜蜜感都来自碳水化合物。如果没有碳水化合物，人生会少了很多乐趣，可见碳水化合物对我们的重要性。

但是，正因为它容易获取，所以很多人存在碳水化合物摄取过量的问题，在获取快乐的同时也给身体造成了负担。

人体每吸收 1 g 糖分（也就是碳水化合物），会获取约 4 千卡热量。如果摄入的碳水化合物超过身体所需，就会转化成脂肪存在身体里，也就是说，碳水化合物摄入超量同样会造成脂肪囤积。

掌控
重启不疲惫、不焦虑的人生（经典修订版）

那么，碳水化合物摄入多少才算适量呢？你可以按照以下三步计算出自己每天所需的碳水化合物的量。

第一步，计算基础代谢率（Basal Metabolic Rate，BMR）。

女性：BMR =10× 体重（kg）+6.25× 身高（cm）−5× 年龄 −161

男性：BMR =10× 体重（kg）+6.25× 身高（cm）−5× 年龄 +5

第二步，计算每天所需的总热量。使用哈里斯－本尼迪克特公式（Harris-Benedict Formula），将你的 BMR 乘以活动系数。

几乎不动总需 = BMR × 1.2

稍微运动（每周 1~3 次）总需 = BMR × 1.375

中度运动（每周 3~5 次）总需 = BMR × 1.55

积极运动（每周 6~7 次）总需 = BMR × 1.725

专业运动（2 倍运动量）总需 = BMR × 1.9

第三步，按照三大"燃料"之间的比例，即碳水化合物 55%、蛋白质 15%、脂肪 30%，计算出每天需要摄入多少碳水化合物。

另外，减脂人群的碳水化合物需求量的计算特殊一些，碳水化合物的摄入量要控制得再低一些。24 岁以上、60 岁以下的减脂人群，碳水化合物的需求量可以按照以下公式计算。

女性：碳水化合物摄入量（g）＝体重（kg）×1.8

男性：碳水化合物摄入量（g）＝体重（kg）×2

这是以不运动为前提的计算方法。如果是运动人群，在运动超过半小时后需要再补充一片切片面包等，因为运动的目标是消耗脂肪，而不是消耗碳水化合物，所以，在运动半小时后需要补充碳水化合物，这样也不会因为饥饿而摄入更多的食物。

在长期的教学实践中，我发现用"多少克碳水化合物"这样的描述很难引起大家的重视，但把碳水化合物的量换为米饭的量，大家就容易理解和牢记了。

下面就从水果开始，看看我们是怎么把碳水化合物转换成米饭的。

1 瓶果汁＝6 两米饭

水果中也含有碳水化合物，如果水果吃超量了也会增加体重。

有一次，一位朋友说他今天要减肥，晚上没吃饭，后来太饿了就吃了6 个橙子，结果第二天哭丧着脸对我说，他的体重不但没有下降，反而上升了。我一听，连忙对他说，区分食物时不能用许多人日常使用的分类法，只看是水果还是肉、是主食还是菜，要学会看营养成分表。

可他说，即使看到了那些数字也不知道和体重有什么关系，一点儿帮助都没有。

这时我突然想到，还是要用日常生活中人们印象深刻的食物作对比，才方便记忆。那么，一般人印象最深刻的食物是什么？就是米饭。大多数人每天都吃米饭。100 g 米饭里含有约 25 g 碳水化合物，其他任何含有碳水化合物的食物都可以用米饭作为参照物进行粗略换算，例如 1 个苹果相当于多少克米饭，这样就印象深刻了。

那么，我们来看看常见水果和米饭的碳水化合物含量对比（见图 3-2）。

100g 苹果 ≈ 50g 米饭	100g 橘子 ≈ 40g 米饭	100g 橙子 ≈ 40g 米饭	100g 桃子 ≈ 40g 米饭	100g 香蕉 ≈ 100g 米饭
1 个中等苹果 ≈ 100g 米饭	1 个中等橘子 ≈ 60g 米饭	1 个中等橙子 ≈ 80g 米饭	1 个中等桃子 ≈ 70g 米饭	1 根中等香蕉 ≈ 120g 米饭

100g 西瓜 ≈ 20g 米饭	100g 火龙果 ≈ 60g 米饭	100g 杧果 ≈ 30g 米饭	100g 葡萄 ≈ 20g 米饭	100g 榴梿 ≈ 120g 米饭
1 个中等西瓜 ≈ 400g 米饭	1 个中等火龙果 ≈ 250g 米饭	1 个中等杧果 ≈ 100g 米饭	1 串葡萄 ≈ 100g 米饭	1 瓣榴梿 ≈ 100g 米饭

图 3-2　常见水果和米饭的碳水化合物含量对比

100 g 橙子约含碳水化合物 10.5 g，100 g 米饭约含碳水化合物 25 g，一比较就知道 100 g 橙子大概相当于 40 g 米饭。一般 1 个橙子是 200 g 左右，大概就是 80 g 米饭。那位一晚上吃了 6 个橙子的朋友，相当于吃了 480 g 米饭，也就是接近 1 斤（500 g）的米饭。

一般 1 碗米饭是 200 g 即 4 两，6 个橙子就接近 2.5 碗米饭。这样体重能不上升吗？ 6 个橙子他可能不觉得多，但如果是这 2.5 碗米饭摆在面前，大概只是看见都觉得饱了。

这样换算是不是就很容易理解碳水化合物的含量了？所以，吃水果也一定要适量，吃多了同样会成为身体的负担。

果汁的问题就更明显了，1 个中等苹果含有的碳水化合物相当于 100 g

米饭，我们吃 1 个苹果要咀嚼几分钟，吃完后会有一定的饱腹感。但如果把苹果榨成果汁，你会发现 3 个苹果榨出的果汁几口就能喝完，喝完后也没有明显的饱腹感，但是 3 个苹果含有的碳水化合物可都被吸收进体内了。3 个苹果的碳水化合物含量是多少呢？相当于约 300 g 即 6 两米饭，这都是让体重猛增的"陷阱"。

有人看到这里肯定会说："我吃了这么多水果，喝了这么多果汁，还吸收了好多维生素呢，胖点儿就胖点儿吧，身体肯定很健康。"其实事实并非如此，后文对此有专门的讨论。

1 片切片面包＝2 两米饭

学会了水果和米饭的换算，我们再来看看平时常见的其他主食和米饭的对比，看看自己到底有没有多吃碳水化合物。也可以在一些专门的手机 App 里查询食物，进行对比。下面我们拿 100 g 米饭和 100 g 切片面包进行对比（见图 3-3）。

我们会发现，100 g 米饭中碳水化合物的含量只有 100 g 切片面包的近一半。市面上所售的切片面包 1 片一般是 50 g，也就是 1 片切片面包大约相当于 100 g 米饭。如果平时的晚餐吃 200 g 米饭，换成切片面包也就是 2 片。

有人会问：全麦切片面包中含有的碳水化合物会不会少一些呢？我们来看图 3-4。在有些品牌的全麦切片面包中，碳水化合物的含量确实减少了一点；同时也可以发现，另外一些品牌的全麦切片面包，只是在普通切片面包中添加了一些麦麸，碳水化合物含量的区别并不大。选购时一定要注意，不然所谓的"全麦"可能就只是买到了心理安慰。

100 g 米饭	营养元素	100 g 切片面包
485.6 kJ	能量	1161.6 kJ
2.6 g	蛋白质	9.1 g
0.3 g	脂肪	3.4 g
25.6 g	碳水化合物	51.9 g
0.3 g	膳食纤维	0 g

图 3-3　米饭和面包的营养元素对比

（注：一般普通切片面包的包装上不标注膳食纤维含量，专门查询食物营养成分的 App 中均显示切片面包的膳食纤维含量为 0。为了与日常使用场景匹配，本书中也标注为 0。）

营养元素	100 g 切片面包	100 g 部分品牌全麦切片面包（一）	100 g 部分品牌全麦切片面包（二）
能量	1161.6 kJ	954.4 kJ	1344.5 kJ
蛋白质	9.1 g	9.1 g	6.2 g
脂肪	3.4 g	1.7 g	14.6 g
碳水化合物	51.9 g	43.3 g	47.8 g

图 3-4　切片面包、部分品牌全麦切片面包（一）、部分品牌全麦切片面包（二）的营养元素对比

1 碗面条＝6～8 两米饭

有人说面食容易让人发胖，接下来我们就来看看面食中的碳水化合物含量。

首先来看煮面条，可以发现，煮面条和米饭的碳水化合物含量相差不大（见图3-5）。

100 g 米饭	营养元素	100 g 面条（煮）
485.6 kJ	能量	460.4 kJ
2.6 g	蛋白质	2.7 g
0.3 g	脂肪	0.2 g
25.6 g	碳水化合物	24.2 g

图 3-5　米饭和面条的营养元素对比

那为什么有人会说吃多了面条体重容易上升呢？这就要问问我们自己一次吃了多少量了。

我们回想一下，每次吃面条时，是不是满满的一大碗？碗里大约有300 g 以上的面条，多的时候能达到400 g 以上。换算成米饭也大致是300～400 g，即6～8 两。让我们吃8 两米饭是不太可能的事，但为什么同等分量的一大碗面条就能吃完呢？这是一个很有意思的现象。原因是吃面条时通常速度比较快，吃完一大碗面条需要10～15 分钟，而吃面条的方式是不断吸进嘴里，常常等面条吃光了，面汤还冒着热气。如果这时问自己：吃饱了吗？可能还没有确定的答案。因为，我们的饱腹感从胃部传递到大脑是需要时间的，在吃完一大碗面条的 10~15 分钟内，饱腹感还没来得及完全释放，也就是说饱腹感还没有到达大脑时，面条就已经吃完了。

因此，我们常常强调吃东西要慢慢地吃，这样才有充足的时间确定自己是否真的吃饱了。

我以前看过一期《锵锵三人行》，窦文涛在节目中说，一位知名女导演的特点就是吃饭快。有一次，这位女导演吃得太快、太多了，结果没过一会儿就开始呕吐。这就是因为吃饭太快，等饱腹感到来时就已经吃过量了。有很多在公司工作的学员说，每餐的就餐时间不足 10 分钟，自己只能加快吃饭速度。刚吃完时总觉得没吃饱，但一站起来就发现已经吃多了。

针对这样的情况，我的建议就是吃饭时要放慢速度，原来的吃饭时间是 10 分钟，现在就延长到 20 分钟；以前每一口饭嚼 5 次，现在增加到 15 次。不要小瞧这些小习惯的改变，坚持下来对于学员身材和健康的改善都非常有帮助。这样看来，米饭和煮面条中的碳水化合物含量基本相同，它们之间的差别在于总量的多少和吃饭速度的快慢。

再补充说一下馒头。馒头中的碳水化合物密度较高，100 g 馒头中的碳水化合物含量和 100 g 切片面包中的碳水化合物含量差不多，也就是说 100 g 馒头中的碳水化合物含量约等于 200 g 米饭。如果原来午餐时吃 200 g 米饭，吃馒头时就应该是一个 100 g 的馒头，要按照碳水化合物的量来确定主食的量。

食用粗粮一定要适量

下面来说说粗粮。粗粮包括红薯、玉米、紫薯、燕麦等含纤维较多的淀粉类食物。我们来对比一下米饭和红薯中含有的营养元素（见图3-6）。

100 g 米饭	vs	100 g 红薯
营养元素		
485.6 kJ	能量	427.0 kJ
2.6 g	蛋白质	1.1 g
0.3 g	脂肪	0.2 g
25.6 g	碳水化合物	23.1 g
0.3 g	膳食纤维	1.6 g

图3-6　米饭和红薯的营养元素对比

从图3-6中可以看出，红薯中所含的碳水化合物比米饭少一些，平时可以适当吃些红薯等粗粮。但有一点需要记住：无论是粗粮还是细粮，都要注意量的问题。冬天走在大街上，经常可以看到一些女生手里捧着一个大大的烤红薯，吃这么多并不健康。

100 g 红薯差不多比手掌的一半大一点，如果是一个中等或偏大的烤红薯，大概有 300～500 g，换算成米饭也差不多是 300～500 g，即6～10两。

吃一个热气腾腾的烤红薯，和吃面条往往是一样的，没等饱腹感出现时就已经把整个红薯吃完了。体重比较轻的女生，可能吃一个稍大点的红薯就把碳水化合物这个"油箱"的一天所需填满了。所以，一定要注意控

掌控
重启不疲惫、不焦虑的人生（经典修订版）

制量，粗粮再好也要适量吃，这样才能发掘出食物对身体有利的方面。

让你越吃越累的耗能食物清单

据说不含糖的无糖食品

既然含有糖分的食物吃多了会对身体产生负担，那无糖食品是不是就没有负担了？答案是：不是。

按照我国的《预包装食品营养标签通则》和《食品标识管理规定》，所有正规的预包装食品的包装上都会有两样东西：营养成分表和配料清单。

学会看营养成分表和配料清单，我们就能降低被"忽悠"的概率。

营养成分表（food label）是食品包装上提示营养素信息的表格，这是我国从 2013 年 1 月 1 日起要求食品包装上必须标注的信息。

《预包装食品营养标签通则》规定，预包装食品应当在标签上强制标示 4 种营养成分和能量（"4+1"）的含量值。通则施行后，营养标签不规范的食品将不得销售，所以营养成分表是有参考价值的。

"4"是指 4 种核心营养素——蛋白质、脂肪、碳水化合物、钠；"1"是指能量。

表 3-2 就是最简单、最常见的一种营养成分表。

注意，这里就有一个"坑"！

表 3-2　营养成分表示例

项目	每100 g	营养素参考值 %
能量	1968.0 kJ	23%
蛋白质	4.7 g	8%
脂肪	19.7 g	33%
——反式脂肪	0 g	
碳水化合物	66.8 g	22%
——糖	14.4 g	
膳食纤维（以低聚果糖计）	3.0 g	12%
钠	272 mg	14%

所谓的"无糖食品"大多指的是在生产过程中没有添加额外的糖，但是食物原材料中天然存在的碳水化合物也属于糖分，吃多了仍然会对身体有不利的影响。

举个例子：表3-3是某无糖饼干的营养成分表。

我们可以看到，额外添加的糖确实是 0 g，但是每袋饼干依然含有 57.6 g 碳水化合物。

除了无糖饼干，我们一定还见过无糖面包、无糖燕麦等。这些食品都少写了两个字——

表 3-3　某无糖饼干的营养成分表

项目	每100 g	营养素参考值%
能量	1857.0 kJ	22%
蛋白质	9.5 g	16%
脂肪	18.0 g	30%
碳水化合物	57.6 g	19%
——糖	0 g	
膳食纤维	6.3 g	25%
钠	250 mg	13%

"添加"，所谓的"无糖"只是无添加糖，并非指食物中不含有任何糖分。无糖面包、无糖燕麦等都是淀粉类食物。所以，看到"无糖"两个字，一定要再仔细查看一下食品包装上的营养成分表，别被"忽悠"了。

当然，我不否认无糖食品确实是同类食品中相对健康的，我也推荐尽量选择不额外添加或者少量添加糖的食品（在营养成分表中，"糖"这一栏对应的克数越低越好）。

看上去很健康的粗粮饼干和苏打饼干

前文提到的米饭、面包、面条、水果等，只要不过量食用，都是不错的"燃料"，因为其中没有其他添加剂。

那么，不推荐的碳水化合物"燃料"有哪些呢？饼干就是其中一种，尤其是粗粮饼干。你没有看错，一定要避开这种大多数人都认为是健康食品的粗粮饼干。为什么呢？我们通过营养成分表来分析一下。

从表3-4可以看出，粗粮饼干里的碳水化合物含量并不低，除此之外，

掌控
重启不疲惫、不焦虑的人生（经典修订版）

100 g 饼干里还有 33 g 脂肪，也就是说一块饼干主要成分的近三分之一都是脂肪，一点也不健康。这些粗粮饼干含有大量的膳食纤维，所以口感一般都不太好。为了让它们的口感得到提升从而增加销量，就需要加入大量的糖分和脂肪，结果它们就变成了只有名字听起来健康的食品。

那么，其他饼干也是如此吗？我们再来看看苏打饼干。

从图 3-7 中可以看出，100 g 苏打饼干的碳水化合物含量几乎相当于 300 g 米饭。一盒苏打饼干的重量大概是 125 g，吃完一盒苏打饼干，不仅摄入的碳水化合物可能超量，而且摄入了不健康的脂肪。

表 3-4　某粗粮饼干的营养成分表

项目	每100 g	营养素参考值 %
能量	501.7 kJ	25%
蛋白质	6.8 g	11%
脂肪	33.0 g	55%
——反式脂肪酸	0 g	
碳水化合物	42.0 g	14%
膳食纤维	6.2 g	25%
钠	240 mg	12%

苏打饼干	
营养元素	**每100 g**
能量	1707.8 kJ
蛋白质	8.4 g
脂肪	7.7 g
碳水化合物	76.2 g

图 3-7　苏打饼干的营养元素示意图

可见，粗粮饼干和苏打饼干并不是优质的精力"燃料"。

一定要小心的含糖饮料

在碳水化合物类食品中，还有一种需要小心躲避的"燃料"——含糖饮料。让我们继续回到熟悉的营养成分表，来看看一瓶可乐含有的碳水化合物是多少（见图 3-8）。

可乐汽水

营养元素	每100 g	备注
能量	175.0 kJ	低热量
蛋白质	0 g	
脂肪	0 g	低热量
碳水化合物	11.0 g	

图 3-8　可乐的营养元素示意图

粗略计算的话，200 mL 可乐的碳水化合物含量相当于 100 g 米饭（100 mL 水的重量约为100 g），常见的 600 mL 的塑料瓶装可乐的碳水化合物含量大概相当于 300 g（6 两）米饭的含量。作为主食，6 两米饭真的不算少。但因为可乐含有的是精制糖，喝完一瓶可乐不会有吃完 300 g 米饭那么强烈的饱腹感，到吃饭的时间还可以正常吃饭，所以碳水化合物的摄入量很容易超标。

可乐还有一个危害是容易对牙齿造成损伤。我小时候很喜欢喝可乐，初中住校时，觉得终于没有人监督我每天刷牙了，晚上都要喝完可乐再入睡。结果十几年后，牙齿一颗一颗地松动，每周都要去看牙医，根管治疗、拔牙、烤瓷重复了好多遍。回想当时每周都要去体验电钻在口腔里转动的麻酥感，还有触碰到神经时钻心的疼痛，就后悔不已。这些经验导致我后来遇到小孩子就会唠叨：要好好刷牙，少吃糖，少喝可乐。

除了可乐，我们再来看看其他含糖饮料和米饭的换算结果（见表 3-5）。是不是出乎你的意料？只要想到这些饮料对应的米饭量，相信你会赶紧拧上饮料的瓶盖，或者从原本的喝一大口变为只喝一小口。

表3-5　不同饮料和米饭的碳水化合物含量对比

味全（活性乳酸菌饮品）	脉动	雪碧	养乐多	宝矿力水特	冰红茶
435 mL	600 mL	600 mL	100 mL	500 mL	550 mL
≈ 250 g 米饭	≈ 110 g 米饭	≈ 260 g 米饭	≈ 60 g 米饭	≈ 130 g 米饭	≈ 210 g 米饭

膳食纤维饮料和你想象的不一样

我们在很多食物的营养成分表里会经常看到膳食纤维这一栏。

膳食纤维大多来自我们所吃的蔬菜和粗粮。它可以帮助我们保护胃肠道健康，延缓葡萄糖进入血液的速度，有利于控制血糖。由于膳食纤维不被人体吸收，在计算碳水化合物时可以用碳水化合物的总量减去膳食纤维的量，剩下的部分就是可以被人体真正吸收的碳水化合物量。摄入充足的膳食纤维，对解决便秘问题也有好处。

举个例子，表3-6是糙米饭的营养成分表。我们可以看到，每份（195 g）的碳水化合物含量是46 g，其中包括4 g膳食纤维（可溶性和不可溶性是膳食纤维的分类），那么我们就知道碳水化合物计数时的含量，即真正影响血糖的那部分应该是 $46-4=42$ g。

需要注意的是，很多商家用"纤维"这个概念来兜售高热量的产品。我们来看看打着"纤维"旗号的某品牌饮料的成分表（见图3-9）。

100 mL饮料中的碳水化合物是14.7 g，其中只有1 g膳

表3-6　糙米饭的营养成分示意

项目	每195 g	营养素参考值 %
钾	150 mg	4%
碳水化合物	46.0 g	15%
膳食纤维	4.0 g	16%
——可溶性纤维	0.5 g	
——不可溶性纤维	3.5 g	
蛋白质	5.0 g	8%

食纤维，那么真正的碳水化合物含量是 13.7 g，比 100 mL 可乐中含有的
11 g 碳水化合物还要多。所以它并不是真正健康的身体"燃料"，在选择
时一定要擦亮我们的眼睛。

纤食 纤维饮料		
营养元素	每100 mL	营养素参考值 %
能量	1159.5 kJ	3%
蛋白质	1.1 g	2%
脂肪	0 g	0%
碳水化合物	14.7 g	5%
膳食纤维（以菊粉计）	1.0 g	4%
钠	22 mg	1%

图 3-9　某品牌饮料的营养元素示意图

这种食物越吃越精壮

前几年流行一种说法，认为常吃大鱼大肉会导致肥胖，引发各种慢性疾病。

一开始我也是这么认为的，但是到了欧美之后发现，未必如此。

同样是"胖"，欧美人有不少体格健壮，比起"肥胖"，更符合"结实"这个词。但是，我们周围的胖子大都是松松软软的，身上的肉像QQ糖一样，又软又弹。我最早以为这是人种的差异造成的，在欧美待过一段时间后，才知道这是饮食习惯的差异引起的。

欧美人的饮食习惯是摄入较多蛋白质，所以更容易生成肌肉，普遍看起来结实，属于"蛋白质充分型健壮"。我们国家的饮食习惯看起来是大鱼大肉，蛋白质也不少，但在食物烹饪过程中加入了大量的油，比如红烧、糖醋等做法，导致油脂严重超标，大多数人不是食用肉、蛋、奶类过量，而是明显不足，属于"油脂过剩型虚胖"。

为什么蛋白质是否充分对我们的外形影响这么大呢？下面我们就来聊一聊人体第二个"油箱"的燃料：蛋白质。

关于蛋白质的作用，用简单的一句话来总结就是：没有蛋白质，就没有生命。它对人体的意义就如同砖头或者混凝土对于一座房子的重要性。

我们的身体，从皮肤、骨骼、肌肉和毛发，到大脑和其他内脏，再到血液、神经组织和内分泌系统，都需要蛋白质的参与。

不仅如此，从帮助免疫系统击溃外来的致病因素，到作为催化剂加速各类生化反应，这些过程中都有蛋白质活跃的身影。

蛋白质是肌肉原料

肌肉的生长必须有充足的蛋白质作为基础。高糖、高油的饮食习惯，再加上蛋白质摄入不足，只会让肌肉越来越松软。

我读大学时，我的表哥在工地做拧钢筋和搬运钢筋的工作，手臂、肩膀的训练强度不比健身房的训练强度低，但是工地的伙食比较差，米饭、蔬菜管够，肉类很少。结果他锻炼出了一身精细的肌肉，看起来很瘦很健康，但肌肉块并不明显，尤其是穿着外衣时基本看不出来。

我的大学同学薛鑫，曾经是"耐克中国三对三篮球联赛"北京赛区的扣篮冠军，他的招牌动作是"双脚起跳的单手大风车"。他的身材很宽厚，属于类似欧美人那种大块头的类型。我们总是问他：这么好的弹跳力和力量是怎么训练出来的？他说以前自己的身材不是这样的，高中时有两年一直在班尼路公司打工，工作内容就是在库房每天来回搬运货物，尤其是要把货物扔到货架最上面的格栏里，总是重复蹲和扔的动作。为了补充体力，回家后他把牛奶当水喝，家人还准备了足够的肉类食物。一边锻炼一边补充蛋白质，他的身材渐渐地就发生了改变，拥有了宽宽的肩膀和厚实的背部肌肉。

我表哥和薛鑫同样从事体力工作，身材的走向却完全不同。引起差别的根源在哪儿呢？在于米饭、蔬菜和优质蛋白质摄入的不同，即营养物质的差别。当肌肉的"燃料"——蛋白质不充足时，肌肉就失去了生长的沃土，即使一直坚持运动，也无法长出大块的肌肉。

蛋白质也是免疫屏障构筑师

不只是偏胖的人分为结实和软弹两类，偏瘦的人也是如此。观察一下身边的人就会发现，很多在办公室工作的女生，看起来比较瘦，但是手臂、腹部都是软软的。同时她们还有其他特质，比如血液循环不好、手脚容易冰凉、精力不是很好等，遇到流感暴发时往往是最先被传染的一拨。我发现这些瘦弱的女生的身体状态和肥胖的人差不多，爬楼梯还没爬到二层就开始气喘，心肺功能非常弱。

我们可以把这些外表瘦弱、身体指标却和胖人差不多的人叫作"胖子核"，意思是他们和胖人的内核是一样的。要摆脱这种"胖子核"的状态，就需要优质的蛋白质"燃料"。在日常饮食中要增加优质蛋白质的摄入，尤其不能节食或断食。

连一头秀发都离不开蛋白质

因为被电视广告"洗脑"了多年，所以，一说到改善发质，很多人第一个想到的往往是换一瓶质量更好的洗发水。我自己的亲身经历是，当洗澡时开始有大量细发丝脱落时，换再多种洗发水也没有用。

我们的平均发量约为 10 万根，从头发的生命周期来计算，一天掉发50 到 100 根都算正常。但是，如果发现还没"长大"的细短头发逐渐脱落，就要特别注意了。这代表头发的生长周期变短，是头发不健康的信号，如果不注意调理会导致头发越来越稀疏。

后来我意识到，这种情况不是通过外用产品能改善的，也许是饮食和生活规律出现了问题。顺着这个想法，我找到了解决问题的途径。

头发的成分中有 80% 左右是一种叫作角蛋白的蛋白质，它存在于头发的皮质层中，是保持头发强韧的关键物质。一旦角蛋白中的角质链断开、头发的内部结构被破坏，头发就会失去光泽、缺乏弹性、脆弱易断。

角质链为什么会断裂呢？

角蛋白的制造原料来自我们所食用的蛋白质，而且是含有必需氨基酸的蛋白质，比如肉类和豆类。优质蛋白质摄取不足时，头发的粗细、发量、光泽都会受到影响。

除了优质蛋白质，能促进生长激素分泌而生发的锌，是合成毛发中的蛋白质不可缺少的物质，而锌大多存在于动物肝脏、海产品、奶类和蛋类食物中。

所以，当你发现浴室排水口经常因掉发阻塞，自己的头发缺少光泽和弹性时，首先要考虑的就是调整饮食结构，然后才是更换洗发、护发产品。饮食和压力因素对于头发质量的影响能达到 80%，另外 20% 才是外用产品的功劳。

那么，优质蛋白质藏在哪里呢？

让你充满力量的
高效食补清单

我们看到很多保健品叫氨基酸片，实际上它们就是蛋白质。氨基酸是组成蛋白质的基本单位，氨基酸"手牵手"串成长长的链子，就可以形成蛋白质。

我们体内的蛋白质种类千千万万，都是由大约 20 种不同的氨基酸通过不同的排列组合方式构成的。

在这 20 种氨基酸中，有 12 种是我们的身体可以自行合成、自给自足的。也就是说，如果我们从食物中没有获取足够的这类氨基酸，身体也会自动合成它们，以补足缺少的部分。

剩下的 8 种氨基酸就不太一样了——我们的身体无法自主合成这些氨基酸，或者合成的速度远远达不到自给自足的水平，只能从食物中获取。一旦食物中供给的这部分氨基酸不足，身体就会出现短缺的现象。

这类必须从食物中补充获取的氨基酸，我们称之为"必需氨基酸"。

要保证必需氨基酸的供给，就需要吃富含优质蛋白质的食物，也就是牛奶、肉、鸡蛋、豆类等。这些才是我们的优质"燃料"。

在我们的家常菜中，常见的有宫保鸡丁、鱼香肉丝、糖醋里脊、肉丝炒蔬菜等，这些菜中的肉类都伴随着大量的糖和油，更容易造成身体油脂超标的后果。

我曾在德国住过一段时间，发现超市供应的肉和蔬菜大多是半成品，包括切好的蔬菜，塑封好的牛排、猪排、鸡排、鱼排，还有无淀粉香肠等，种类足足有两排货架那么多。

上好的牛排通常价格会贵一些，普通的一个手掌大小的瘦肉猪排、鸡排合人民币十元左右，价格真心不算高。买回食材自己做时，可以选择煎或烤两种方式，煎的话大概几分钟就可完成，烤的话需要一小时左右。这样的做法使食物中的蛋白质得以充分保存，而且吃起来口感非常好。

另外，欧美人的周末聚餐基本都是 BBQ（barbecue，烧烤）——把从超市或加油站便利店买来的大块大块的肉放在炭火上烤，这和我们在国内吃烤肉串时的蛋白质摄入情况有所不同。这也是欧美人普遍强壮结实的原因：日常饮食中有充足的肌肉"燃料"。

那段时间，我无意中看了一部关于屠宰场的电影。那是我第一次看到屠杀动物的场景，看完后，我决定开始吃素。当时我工作的酒店的员工餐恰好是自助餐，提供的食物种类很丰富，主食、蔬菜、水果都有多种选择，吃素也并没有觉得辛苦。

本以为多吃主食、蔬菜、水果，身体也会健康。结果刚到第二周就有人说我脸色不好，但我相信这是在"排毒"；到了第三周，有人说我消瘦了好多，我觉得也没什么不好；第四周我开始发烧，整整烧了一周，躺在床上起不来。当时我觉得很困惑：不是说吃素更健康吗？我怎么还病了？身体越来越没力气，好像并不是在"排毒"。

后来学习了蛋白质和免疫系统的关系，我才知道当时生病的原因。我的个子比一般人高，需要的蛋白质也更多，饮食中突然没有了蛋白质类食物，身体根本适应不了。而免疫细胞也是由蛋白质组成的，少吃或者不吃蛋白质，免疫细胞就无法正常工作，身体就肯定会生病。所以，吃素不像看上去那么简单，吃素也要讲究方法，千万别像我一样乱来，不但没有享受到吃素的好处，还把自己折腾病了。

后来我又逐渐调整饮食，合理摄入蛋白质，才恢复了原有的精力状态。通过这件事我才明白，吃素并不等于饮食健康。

我们经常可以看到，素食群体中也不乏胖子，吃素的他们也照样会出现体重超标、血压高等情况，这是为什么呢？其实素食中高糖、高油的食品非常多，比如绿豆糕、凉糕等各种富含碳水化合物的糕点，还有炸豆泡等。我们还可以发现，有些素食店为了把素肉做出与肉相同的口味，总是在制作过程中放入过多的油。所以我才说，吃素并不等于饮食健康。

那么，想吃素又想身体健康，该怎么做呢？一定要注意摄入适量的蛋白质以满足身体的正常需求。如果不是蛋奶素，更要注意选择好豆类蛋白质。《素食，跑步，修行》（*Eat & Run*）这本畅销书的作者在"摄入足够的蛋白质"这一节介绍了自己补充蛋白质的窍门：在早餐的果汁里加入坚果和素蛋白质粉；午餐在一大碗生菜沙拉中拌入黄豆制品或是毛豆和一大勺鹰嘴豆；晚餐是豆类或全谷类。如果午餐没有吃黄豆制品，晚餐时会补充。有时会选择藜麦作为主食，零食则选择有机营养棒和果仁。我们可以看到，有运动习惯的素食者每日需要大量的豆类食品补充蛋白质。一般我们身边的素食者很少能按照这样的方式饮食，这也和在营养知识上的欠缺有关系，所以许多人反而在吃素之后体质不佳。

植物性蛋白质的吸收率不如动物性蛋白质高，因为植物性蛋白质中的必需氨基酸含量不足，需要多种植物搭配才行。也是因为这一点，品质高的植物性蛋白粉提取技术更复杂，价格也会更高。

那么，是不是动物性蛋白质就一定好呢？这也是个常见的误区，不是所有的动物性蛋白质都是优质的。比如燕窝，尽管它的蛋白质含量很高，但其中的蛋白质并不是优质蛋白质，不完全包含人体所需的 8 种必需氨基酸，不如鸡蛋或豆腐的营养价值高。而且更重要的是，燕窝需要泡发，1 g 燕窝泡发成 10 g，蛋白质含量立刻变为 5%，其营养价值就相当于牛奶了。像这样的保健品，没有什么特别的益处，而且价格高昂，不利于生态环保。

所以，吃素并不等于健康，健康的饮食方式应该是在吃素食（蔬菜＋粗粮）的同时，再搭配适量的优质蛋白质。

最常用的"补血方"
其实只补糖

正如不管性能多么精良的电器，只要缺少了一个零部件，都无法启动一样，蛋白质只要缺少一个必需氨基酸就会直接"掉链子"，无法完成它所承担的使命。

缺少必需氨基酸，可能引发的身体问题很多，小到皮肤、发质出现问题，厌食、贫血，大到肝脏坏死、出现幻觉，等等。

先说皮肤问题。一说皮肤和蛋白质的关系，很多人首先想到的是胶原蛋白，而一说到补充胶原蛋白，又有很多人的第一反应是喝猪蹄汤、吃猪蹄和买胶原蛋白补剂。那么，这样做对不对呢？

我们先从胶原蛋白的基本概念说起。

胶原蛋白里的胶原是一种蛋白质，我们的皮肤、骨骼都"喜欢"胶原蛋白。它含有两种特别的氨基酸，它们虽然特别，但都能通过人体自身合成，原料来自优质蛋白质的氨基酸。既然自身可以制造，那就不必选择其他补充方式了。如果基础需求的蛋白质摄入不足，使用其他补剂也不会有明显效果，依靠化妆品更是不可取，化妆品只能起到暂时遮盖的作用，治标不治本。

头发也是同样的情况。有段时间，我饮食不规律，蛋白质类食物吃得少，结果发现自己的发质越来越粗糙，后来更严重了，每次洗头时都会掉很多头发。吓得我赶紧调整饮食习惯和生活作息，才慢慢恢复了正常。

再来说贫血。很多女性因为长期节食减肥或者饮食生活不规律，造成胃肠功能下降或者食欲不振，当铁、锌、蛋白质、B族维生素等造血所必需的营养素供应不足时，就会出现贫血、脸色蜡黄等症状。这时她们意识到要补血，但通常第一反应不是吃富含优质蛋白质的肉类食品，而是想到了大枣、红糖！

可是，大枣、红糖真的补血吗？

其实，大枣、红糖不补血，补的是糖！

有一次，一位女生告诉我，她脸色发黄，怕冷，还容易疲乏，别说跑步了，连走路都没有力气。去医院检查后，医生说是缺铁性贫血。她不想吃药，听说大枣和红糖能补血，就坚持吃了几个月。体检结果显示贫血情况没有好转，体重却增加了很多。她问我："这可怎么办呢？"

我一听，连连摇头："你这大枣和红糖确实是没白吃，都补上了，可惜补到体重里去了。"

我们来看看大枣的碳水化合物含量。平时我们常吃的是干枣，1个干枣大概是 10 g。100 g 干枣约含有碳水化合物 61.6 g，也就是说 10 个干枣里的碳水化合物含量就相当于 250 g 米饭里的碳水化合物含量。显然吃枣补的不是血，而是糖。

再来看看红糖。红糖中 95% 以上的成分是蔗糖，红糖中的铁含量约为 2 mg /100 g，和大枣相当。一位健康的成年女性，每天需要摄入 20 mg 的铁。如果依靠大枣或红糖来供应，大约需要摄入 1000 g，也就是 2 斤大枣或者红糖。这显然是不可能的，即便摄入一半的量，也会令人严重发胖。

在这种情况下，医生和营养师所建议的首选补血食品，往往不是大枣和红糖，而是红色的动物内脏和红色的肉类，同时还会建议补充维生素C。此外，充足的休息、放松的心情，有利于恢复肠胃正常的消化吸收功能，让贫血问题自然得到解决，而脸色也会逐渐变得红润有光泽。

既然肉类提供的营养对人体健康有如此大的作用，接下来我们就谈谈这方面的知识。

肉类提供的营养主要包括三个方面。

1. 大量蛋白质；

2. 血红素铁和其他容易吸收的锌、铜、锰、硒等微量元素；

3. 多种 B 族维生素，包括维生素 B_{12}。维生素 B_{12} 是植物性食品中没有的物质，一旦缺失就容易引起贫血、神经和周围神经退化等。

一般四条腿动物的肉叫畜肉，也叫红肉；两条腿动物的肉叫禽肉，也叫白肉。红肉的红色来自血红素，血红素中含有铁元素，颜色越红说明肉的含铁量越多。血红素铁和人体肌肉中的铁是同一种形态，食用后容易被人体吸收利用，而素食中含有的铁的吸收率与血红素铁相比要低很多。

红肉之所以被说"不好"，主要是因为红肉中的肥肉含有的脂肪量较高，比如用牛羊肉炼出来的油脂在室温下是固态，说明其中含有的饱和脂肪酸比较多。因此，更建议食用红色瘦肉。

在蛋白质含量方面，猪肉的排名比较靠后，比牛羊肉、鸡肉低一些；在铁元素含量方面，猪肉也低于牛羊肉；但在瘦肉中的脂肪含量方面，猪肉远高于其他肉类，甚至高达两倍以上。

所以，想要补血，首先应选择蛋白质含量高的红肉——尤其是红色瘦肉，更是最佳选择。

再提醒一下，要靠大枣和红糖补血是很难满足身体需求的，但补糖却是非常容易实现的。

抛开标准谈过量，
实属不严谨

　　说完如何选择优质蛋白质，接下来要谈的就是人体适当摄入量的问题。在摄入蛋白质这件事上，量化是关键。

　　提到蛋白质就不得不提蛋白粉。一提起蛋白粉，很多人想到的就是"这个东西不能多吃""吃多了对身体不好"，等等。最近有个学员对我说，她老公看到她在吃蛋白粉，非常严肃地对她说，吃蛋白粉会造成肝肾负担，千万不要吃。这个学员感到困惑：到底该不该吃呢？

　　在我看来，这个问题和喝水一样，不仅要看实际情况，而且要看每个人不同的需求量。药剂师有一句很有名的话是"离开剂量谈毒性是耍流氓"，用在这里就十分合适。

　　这位学员不喜欢吃肉、蛋、奶等富含优质蛋白质的食物，也很少吃豆类，身体本身就缺乏蛋白质，所以她老公担心她蛋白质补充过量完全是多余的。就像前文提到的，软弹的胖子和"胖子核"类人群，都是肌肉不足的，为何还要去担心肌肉超标呢？

对普通人来说，蛋白质的"燃料箱"中到底存放多少蛋白质合适，是我们应该考虑的。参考各国的膳食指南和运动研究机构的研究结果，可以总结出如下结论：

体力活动极少时，建议蛋白质摄入量为每千克体重 0.8～1.2 g；

运动人群、体力劳动者，建议蛋白质摄入量为每千克体重 1.2～1.8 g；

适量增加蛋白质摄入能帮助减脂者维持肌肉，帮助增肌者增长肌肉；

运动量越大或劳动强度越大，需要的蛋白质越多；

饮食中素食比例越大，需要的蛋白质越多；

想要避免过量摄入蛋白质带来的风险，低于每千克体重 2 g 的摄入量是比较安全的。

即使是久坐不动的人群，每天摄入的蛋白质如果低于每千克体重 0.8 g，也属于蛋白质摄入不足。比如一个人体重 60 kg，在每天久坐不动的情况下最少应摄入的蛋白质是 0.8 乘以 60，即 48 g 蛋白质。这 48 g 蛋白质大约相当于 240 g 熟牛肉（100 g 熟牛肉中含有 20 g 左右的蛋白质）、1.5 L 牛奶（100 mL 牛奶中含有 3.2 g 左右的蛋白质）或 7 个鸡蛋（每个鸡蛋大约含有 7 g 蛋白质）中含有的蛋白质量。

虽然我们不会只吃单一种类的食物，每天都会摄入不同种类的蛋白质食物，但蛋白质的摄入量不一定够，因为这个需求量的标准并不低。如果是每周规律运动 3 次的人，每天的蛋白质摄入量应该是每千克体重 1.4 g。按照体重 60 kg 计算，就是 84 g 蛋白质，与久坐不动的人群相比，前者需要的肉、蛋、奶类食物几乎翻了一倍，这都是正常的需求量。我们可以参照着计算一下自己平时的摄入量，看看是充足还是不足，我想大多数人的蛋白质摄入量都是不足的。

蛋白质摄入不足，运动后身体的恢复能力会随之变差，我妈妈就是个很好的例子。

我妈妈从 55 岁开始晨跑，每天早上的跑步时间是 1 小时，她的身体状况一直很好，尤其是心肺功能比很多年轻人还要好。但有段时间她跑完步后腿部都会持续酸疼好几天。我一开始以为是拉伸和放松运动做得不够，就带她去做按摩，可是她腿疼的症状并没有缓解。于是又检查是不是饮食出现了问题，在计算到蛋白质时找到了原因。

普通上班族女性每日应摄取的蛋白质是每千克体重 0.8 ~ 1 g，每天运动的女性每日的蛋白质需求量至少是每千克体重 1.4 g。我妈妈的运动强度是超过普通人的，也就是说她的蛋白质需求量至少是每千克体重 1.4 g。她的体重是 65 kg，所以她每天的蛋白质需求量是 91 g。

可是她不喜欢吃肉类和蛋类。我们经过计算发现，她每天的蛋白质摄入量是 30 g 左右，比实际需要的蛋白质少了很多。运动造成的肌肉能量消耗，根本没有足够的蛋白质来补充。

另外，她喜欢吃高糖、高油类食物，比如油条、油饼、萨其马、酥饼等，即便每天跑步 8 km，肚子上也还是有个"游泳圈"，摄入的这些糖分和油脂不但无法转换成身体需要的蛋白质，反而变成了身体的负担。平时我劝她不要吃这些食物，她也不听，在她的意识中，跑步就是为了尽情享用喜爱的食物。

这次腿部酸痛一直不见好转，反倒成了让她改变的机会。她看到计算的结果后，开始考虑改善饮食结构。我知道她不喜欢吃肉类和蛋类，但很喜欢喝牛奶，于是买了品质优良的蛋白粉，让她搭配着牛奶一起喝。每天服用两勺蛋白粉，相当于摄入 50 g 左右的蛋白质。

两周后，妈妈告诉我，她腿部酸痛的问题改善了很多，感觉比以前更有力量了。只是她觉得蛋白粉太贵，不舍得喝两勺，改为每天只喝一勺——即使这样也感受到了身体的明显变化。可见，摄入充足的蛋白质对肌肉的恢复非常重要。不过，在补充蛋白质时首先要确定自己的需求量是多少。

我以前在体校打篮球时是全队最瘦弱的，加上 198 cm 的高个子，简直和电线杆差不多，在对抗中总是被欺负。高中有段时间我每天去健身房做力量训练，可是那时我完全不懂饮食是改善力量的关键，结果做了很久的力量训练也没有效果。只在蹲杠铃时把瘦弱的颈椎部位压出了一个脂肪垫大包，除此之外没有其他收获。

等到升入大学，学习了与营养相关的内容后，我在训练时开始注意及时补充足够的蛋白质。过了一个月左右，我的身体就发生了变化——肌肉越来越多，再也不是瘦弱的"电线杆"了。

蛋白质需求量是个很关键的指标，有了这个指标我们才知道摄入的蛋白质量是否合适。重复一下药剂师的名言："离开剂量谈毒性是要流氓。"在互联网上，我们可以轻易查到"某种蔬菜对预防或者治疗某种病症有帮助"的信息，却很少能找到具体的食用量建议。到底吃多少才有效果？这就不得而知了。所以，我可以负责任地说，脱离具体的量化值的宣传，都是不科学、不严谨的。

当然，需要提醒大家的是：如果过量摄入蛋白质，比如蛋白质摄入量超过每千克体重 1.9 g，体内的氮含量就会增加，而这被认为有可能对肾脏造成很大的负担，会对身体健康产生负面影响。

这样做，
她"吃掉"了自己！

很多人对瘦身有一个错误认识，简单地认为瘦身就是少吃多动，少吃就会瘦，靠毅力管住嘴就能控制体重，至于吃什么并不重要。在这一点上，我曾遇到过一个很极端的例子。

我在饱瘦训练营中遇到了一位叫苗儿的女生，她刚加入训练营时对我说，在上大学三年级时，她每天早上喝粗粮粥，不吃米粒，再加半根黄瓜，中午吃炒菜和半根玉米，晚上吃用盐和醋汁拌的生菜和黄瓜，每天跟着视频做 1 小时左右的减肥操或瑜伽。她发现这样做体重每周可以减少将近 1 kg，于是就用它激励自己忽略饿的感受，继续坚持下去。2 个多月后，她的体重从 53 kg 降到了 46 kg，足足减少了 7 kg。

但是，她每天都昏昏沉沉的，没有精力，皮肤也越来越差。让她感到害怕的还有节食瘦身的这段时间，她的生理期也不规律了，她觉得自己的身体可能出现了问题。

她最终因为恐惧放弃了节食方案，恢复了以前的饮食方式，可是恢复后又完全饮食无节制了。作为一个体重 50 kg 左右的女生，她一顿饭可以吃下 30 多个饺子或者 2 桶方便面，吃东西一定要吃到撑才能停。

短短 2 个月，她的体重从 46 kg 反弹到 65 kg，比减肥前还多了 12 kg，生理期依然不正常。她情绪很低落，觉得自己那么努力地想改变身材，结果反而变得更胖了。我们见面时，她说她现在的身体特别松软，手臂、后背、腹部、大腿内侧都是肥肉，原有的肌肉越来越少，她对自己很不满意。

我接话说："当然了，你的肌肉都被你在节食的时候一点一点地吃掉了。"这句话把她吓了一跳。话虽惊人，却是事实。

因为人在饥饿时，不只是脂肪这个"燃料箱"供给能量，还会出现血糖的下降。在这种状态下，为了保证大脑、中枢神经系统和心脏等重要器官的营养供应，人体会分解肌肉中的蛋白质来为它们供能，这就是我说的"自己吃自己"。蛋白质是组成肌肉最重要的物质，肌肉分解就在消耗体内的蛋白质，所以手臂、后背、腹部这些位置会越来越松软。

为了瘦身而节食，长此以往肌肉都被自己"吃"了——想一想，这是不是很可怕？

另外，苗儿在无法控制自己的饮食时，吃的大多是饺子、方便面等高碳水、高油脂类食物。这两类食物是无法转换成蛋白质来满足补充肌肉的需求的，所以，她身体的肉越来越柔软，身体状态也越来越差，甚至影响了正常的生理周期。

那应该怎么做呢？

第一，千万不要节食减肥，这样会导致自己把自己的肌肉"吃"掉。用代餐粉、减脂饼干代替正餐，同样属于节食。代餐粉和减脂饼干中的蛋白质含量都很低，每餐只吃一包代餐粉或一块饼干这么少量的食物，只能饿到自己开始"吃"自己的肌肉。

包括曾经流行一时的"哥本哈根减肥法"——不吃主食类、碳水类食物，也是一样的逻辑，食物提供的营养元素不够一天所需，就都属于节食。结果只能是自己"吃"自己。

第二，平时不要等肚子饿得咕咕叫了再吃东西，要知道那时候可能身体已经在分解肌肉中的蛋白质了。具体该如何做呢？可以参考一下健美运动员的做法。为什么健美运动员一定要少食多餐，而且每餐都要保证含有足量的蛋白质？为什么有的人甚至定上闹钟，半夜起床喝蛋白粉？就是为了有持续的营养补充，最大程度地保护肌肉。

第三，别让自己长时间处于饥饿状态。加班的人一定要注意，尽量提前订餐或准备一些食物垫一垫肚子。总之，千万别饿着肚子，等到晚上再吃夜宵。这样的做法补回的可能是糖分和油脂，还可能是酒精，而消耗的肌肉却没有得到相应的补充，只会让精力越来越差。

自己"吃"自己的肌肉是一件可怕的事，我不希望这种情况发生在任何人身上。只要蛋白质"燃料箱"有充足的"燃料"，就可以避免这种可怕的事情发生，还能保持精力充沛、身体健康。

这种食物是活力之源

接下来终于轮到脂肪这个"燃料箱"了。市面上关于脂肪的内容特别多，争议也不小。通常的观点是"脂肪是坏的、糖类是好的"。我们在中国居民平衡膳食宝塔（2022）（见图3-1）中可以看到，（在水之上的）最底层是谷薯类，而油脂类被排到了顶端。

但事实上，脂肪并不是一无是处的，它也有优点，比如：可以减慢胃部排空的速度，减轻饥饿感，增加饱腹感；缓解餐后血糖的上升速度；有助于身体健康和细胞膜的修复；对于特定的维生素和抗氧化剂的吸收是必需品；某些脂肪酸还有益于代谢；优质脂肪可以为身体提供强力的营养，从而帮助对关节、器官、皮肤和头发进行细胞恢复。

在肉类食物中有一条有趣的规则，就是含脂肪越多的瘦肉，价格越高。这个规则看起来有悖于我们的日常逻辑，但事实上只有脂肪多的瘦肉吃起来才让人觉得美味，就像通常只有健康餐才会选用鸡胸肉，或是健身一族才只吃鸡胸肉，而大多数人都喜欢吃鸡腿肉一样。因为鸡胸肉口感过于干柴，并不好吃。

而对于怎么吃脂肪，不同的人有不同的做法，比如蒸、炖、烤、炸等，层出不穷。

可是，要想把肉类食物做得美味，首先要选对肉，也就是要选择有一定脂肪量的肉类，比如：牛肉中的和牛，肌肉纤维里均匀地沉淀着很多脂肪；猪肉中的排骨，实际上是含有很多脂肪的瘦肉，脂肪含量高达23%；烤鸭也是如此，脂肪含量高达 38.4%；鸡肉中销量最好的鸡翅中，脂肪含量能达到 11.8%，是鸡肉中脂肪含量最高的部位；就连我们涮肉时也偏好肥牛和肥羊片。相比之下，鱼肉的脂肪含量就比较低，通常只有5%~10%。

可见，脂肪在食物中的作用之一，就是让食物拥有香味。一般来说，肉闻起来越香，其脂肪含量就越高。而脂肪不同，产生的香味也不同，就像羊肉和牛肉的味道之所以不同，最主要的原因就是它们含有的脂肪不同。

不过，说到底，如果我们希望自己健康、有活力，就必须控制脂肪的摄入，也需要优化脂肪的来源。

没有坏食物，只有错搭配

要谈优质脂肪，我们要先搞清楚脂肪酸是怎么分类的。

通常来说，脂肪酸分为饱和脂肪酸和不饱和脂肪酸。饱和脂肪酸之所以叫饱和脂肪酸，是因为组成这种脂肪酸的碳氢原子之间由饱和的单键连接；而不饱和脂肪酸，顾名思义，就是这种脂肪酸中含有双键，容易发生化学反应。根据双键的数量，又分为"单不饱和脂肪酸"和"多不饱和脂肪酸"。

看到图 3-10，你可能已经清楚，优质脂肪酸通常就是指不饱和脂肪酸。

不饱和脂肪酸中的 Omega-3，是一种对人体特别重要的物质，它可以清除血液中的垃圾，软化细胞膜，减少炎症发生，增强心脏功能。尽管 Omega-3 脂肪酸功能这么强大，却无法由人体自行合成，必须从食物中获取。

在通常情况下，人们无法从日常饮食中获取足够的 Omega-3 脂肪酸，从而提高了身体发生炎症的概率。

脂肪酸

饱和脂肪酸

一般而言为脂肪或肉类的肥肉部分，在常温下会呈现固态。

不饱和脂肪酸

超市售卖的植物油的主要成分，在常温下为液态。

建议多摄取
Omega-3 系列油

Omega-9

可以减少血液中的胆固醇，不容易氧化。商品有橄榄油、芥花油等。

Omega-6

必需脂肪酸。能降低血液中的胆固醇、降血压。商品有大豆油、葵花籽油、玉米油等色拉油。

Omega-3

必需脂肪酸。在体内容易转换为能量，根据需要会在体内合成 EPA 或 DHA。商品有紫苏籽油、亚麻籽油等。

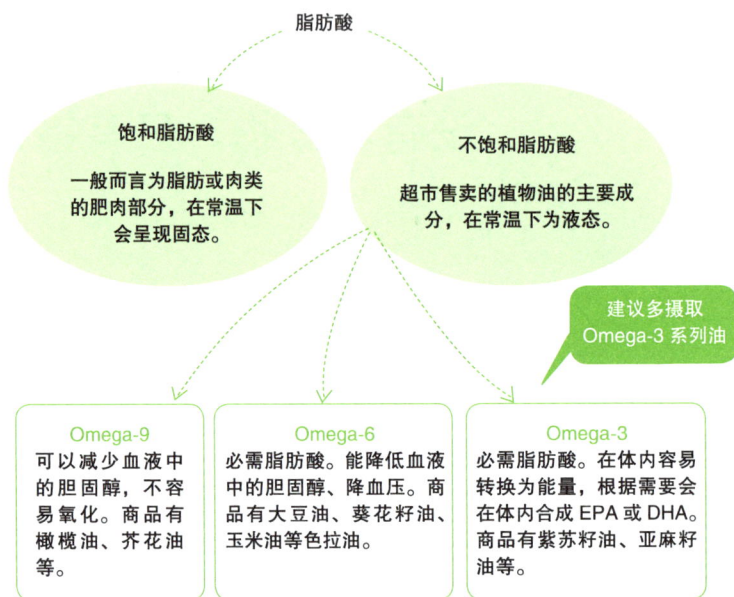

图 3-10　脂肪酸的种类和特征

既然 Omega-3 如此重要，又必须从食物中获取，那么，哪些食物中含有丰富的 Omega-3 呢？常见的三文鱼、金枪鱼、鱼油、核桃、亚麻籽油、芝麻油中的 Omega-3 含量都很丰富。

Omega-3 作为非常重要的脂肪"燃料"，建议每天都主动摄入。

那么，是不是我们只需要摄入优质脂肪酸，不需要摄入其他脂肪酸呢？

答案当然是否定的，因为脂肪酸的摄入标准，不在于优劣，而在于平衡。

不能因为一种物质好，就一味地只增加这种物质的摄入。凡事我们都需要讲究平衡。

与不饱和脂肪酸主要存在于食用油中不同，饱和脂肪酸除了存在于食用油中，还存在于各类动物性食物中。所以，在选择食用油时，我们可以参照图3-11中列出的不同食用油中各种脂肪酸的含量，再根据自己的日常饮食习惯，保证饱和与不饱和脂肪酸之间的大致平衡。

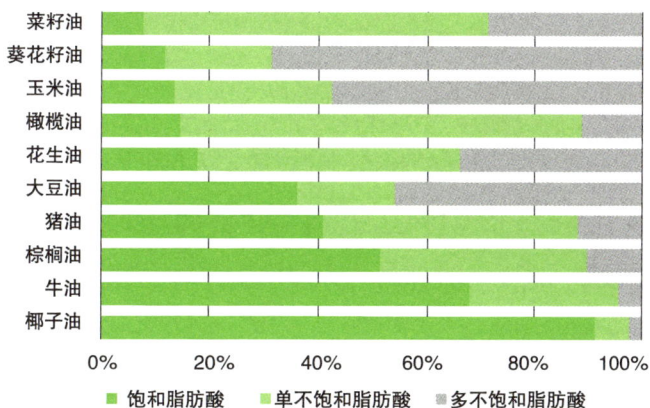

图 3-11 　不同食用油的脂肪酸含量差异

如果平时食用肉类等动物性食物较多，饱和脂肪酸的摄入比较充足，在食用油上就要"照顾"一下不饱和脂肪酸，可以选择菜籽油、葵花籽油、橄榄油等。反之，如果吃得比较素、动物性油脂摄入比较少，就可以偶尔考虑选择黄油、猪油、椰子油等，它们做出来的饭菜也很好吃。

脂肪酸的种类繁多，平时记住以下几条就足够了。

1. 油脂要混搭吃，有助于维持脂肪酸摄入平衡，建议购买小瓶装食用油，可以多买几种分别吃，也可以购买带刻度的油壶把几种油直接混合在一起。

2. 高温烹饪选择葵花籽油、花生油、玉米胚芽油、大豆油、菜籽油。

3. 低温烹饪选择以上各种油以及特级初榨橄榄油、黑芝麻油。

4. 凉拌选择特级初榨橄榄油、亚麻籽油、黑白芝麻香油、紫苏籽油。

此外，要小心加工食品中的油脂，这类食品中大多使用的是人造奶油、人造黄油、棕榈油、低品质精炼植物油等；也不推荐食用猪肉等动物脂肪、椰子油、黄油。

储存时要注意避光、避热，因为光照、加热都会使油脂加速变质、饱和程度变高，从而降低营养价值。

你可能会问：那我一天摄入多少脂肪比较合适呢？

这就又回到了科学量化的环节。建议成年人每天的脂肪摄入量控制在体重（以 kg 为单位）的 0.1% 左右，比如体重 60 kg 的成年人，每天应摄入的脂肪量就是 60 g。脂肪来源可以是我们平时吃的肉类、零食、食用油等。

《中国居民膳食指南（2022）》和世界卫生组织（World Health Organization）均推荐脂肪摄入量占饮食总热量的 30%，这个数值和上文中说的脂肪摄入量占体重 0.1% 的计算结果相差无几。

如果摄入超过这个量，超出的脂肪中的 99% 会被身体吸收，与碳水化合物、蛋白质的转化量是完全不同的。

为什么呢？

因为人类过去经历了太多的饥荒，所以人体特别善于储存脂肪，以防再次经历饥荒时无法存活。

看了《绝对好奇》第二季，我想，这个节目中对人类演化史的推断是否正确，还有待证实，但是可以肯定的是，人类的整个进化过程就是吃饱—生存—繁衍的过程，没有吃饱这第一步，后面任何行为都不存在了。为了存活下来，基因一直在优化能量存储的功能，并且很聪明地选择了脂肪这种高能量的储存方式，如果换作糖分，1 g 糖需要有 3 g 水结合才可以储存，这种储存方式会给身体造成"沉重"的负担。

近几十年来，人们的生活和以前相比有了翻天覆地的变化，大多数人没有经历过饥荒，并且食物充足。我们想要保持充沛的精力和健康的体质，反而不需要摄入过多的油脂。油脂摄入过多会导致肥胖，进而引发心血管疾病、高血压、糖尿病等，脂肪反而成了影响健康的首要因素之一。

现在回到前面的问题——我们每天摄入多少脂肪是合适的？答案是每天摄入的脂肪总量保持在每千克体重 1 g 以内。如果希望自己身体里的脂肪减少，建议每天的摄入量是每千克体重 0.8 g。每天减少脂肪的摄入量，也会让身体里的脂肪减少。

但是，凡事过犹不及，如果摄入的脂肪太少，身体也会出现问题。比如女性如果每天摄入的脂肪量低于每千克体重 0.6 g，可能会引起生理周期的紊乱，所以，每千克体重 0.6 g 就是每天脂肪摄入量的下限，为了保持健康，不可以低于这个量。

增加身体负担的饮食黑名单

说完对人体特别重要的优质脂肪酸，再来说一下应该避免食用的脂肪酸。

存在致病风险的反式脂肪酸

有个名词我们应该都听过——反式脂肪酸。

为什么反式脂肪酸就是劣质脂肪酸呢？因为它会增加人体患心血管疾病的风险。首先，反式脂肪酸不是营养物质，不易被机体识别，进入人体后很难被代谢排出体外。而不能代谢的物质进入人体后就相当于"垃圾"，如果长时间在人体中蓄积，一方面会造成血脂升高、血液黏度上升，另一方面会导致各种器官细胞获得的氧气量下降、得到的营养物质减少，使机体呈现疾病状态，比如动脉血管硬化、堵塞，引发冠心病、脑卒中等。

既然反式脂肪酸有这么多的不利影响，为什么人们还那么热衷于它呢？其实答案很简单：口感好。它能够增加食品的脆度，令食品更加可口。我们经常吃的蛋糕、饼干、速冻比萨饼、薯条、爆米花、起酥面包、曲奇、萨其马等食品中都含有反式脂肪酸。一般来说，这些食品的口感越好，反式脂肪酸的含量可能就越高。

在你对反式脂肪酸产生戒备之后会发现，很多食品的外包装上并没有"反式脂肪酸"这几个字。这样的食品就一定不含反式脂肪酸吗？它们就一定是健康食品吗？当然不是。

反式脂肪酸有好多个"变身"，它也叫"氢化植物油""氢化 ×× 油"，在咖啡伴侣里它叫"植脂末"，在面包、糕点、饼干、方便面里它叫"奶精""麦淇淋""人工黄油（奶油）""植物黄油（奶油）""植物起酥油"，还有"蛋糕专用油""精制植物油"等，其实这些都是反式脂肪酸的别称。以后在营养成分表中看到这些词，你就可以确定这种食品中含有反式脂肪酸，能不吃就不吃。

中餐炒菜太容易油脂超标

脂肪对好口感的贡献不仅存在于各种零食中，还存在于家常烹饪中。

炒菜没有油脂就不香，这一点人人都知道。有了热油，菜就会迅速受热，其中的香气会散发出来，然后各种香味物质在炒的过程中相互作用，又产生新的香气。

正因为大家都喜欢这种香气，所以会努力地制造这种香气，结果不知不觉之间食用油的摄入量就超标了。

《中国居民膳食指南（2022）》推荐每天摄入的食用油量最多是 30 g，但我们国家有约 55% 的人的食用油摄入量超标。

我们来看看这些人的食用油摄入量是怎么超标的。

假设早餐吃 2 个鸡蛋，如果煮着吃或者无油煎，都没有添加食用油。

而如果是用油煎呢？一般来说，5 g 食用油相当于我们大拇指手指盖大小的量，煎 2 个鸡蛋最少需要 10 g 食用油。这 10 g 食用油随着鸡蛋一起被我们的身体吸收了，而 10 g 已经是建议每日最大食用油摄入量的三分之一了。

我们再来看看炒菜。家常清炒一盘菜，用油量一般是 5~8 g。如果是红烧茄子之类的菜，可能需要 12 g 油或更多。这样来看，如果每天的食用油摄入量控制在 30 g 以内，必然有的食物要用凉拌或清炒的做法，而如果用相对用油较多的红烧做法就容易超标，更别提鱼香肉丝、宫保鸡丁这些菜了。

为了让身体健康、没有多余的负担，我们需要减少食用油的摄入，建议做菜时多使用清炒、凉拌等做法，或是直接做成沙拉搭配着吃。

说到这里，我想起在欧洲住民宿时，大多数房东都会询问我是否会做中餐。因为欧洲的厨房大多是开放式的，油烟过多会影响其他房间。毕竟在欧洲的饮食习惯中，肉类的做法多数是煎、炖，很少用炒的方式。而蔬菜沙拉在任意一家超市都可以买到，而且是很大一包，所以蔬菜沙拉也是欧洲人经常食用的。

其实现在越来越多的中国家庭也选择了开放式的厨房设计，相信以后许多人的饮食习惯也会因为油烟的减少而慢慢改变。我认为这是一个好的发展趋势，这样的习惯也有助于减少食用油的摄入，改善人们脂肪摄入过量的现象。

油条就是中国版的"薯条"

脂肪可以和淀粉、膳食纤维、蛋白质等结合到彼此交融的程度。

比如膳食纤维饼干，只要放入足够多的油就能变得酥软，不再难以吞咽。如果脂肪和淀粉交融，那就更美味了。说到这里，我的脑海中马上浮现出一堆美食，比如油条、油饼、炸年糕、炸馒头、油炸方便面等，都是这样的食物。

还有一种特殊的食物——便利店的隔夜米饭。有一次，我好奇地问便利店的服务生，隔夜的米饭他们会怎样处理。因为我发现便利店里隔夜的米饭还是很香，和家里的隔夜饭口感完全不同，而且看起来也依然颗粒饱满。

这激起了我的好奇心，我一直追查到制作环节才知道，原来米饭最有效的保鲜方法就是在制作时加入适量的猪油，这样米饭在第二天就依然可以保持美妙的口感和饱满的外形，色香味依旧。

所以，我们在吃外卖或便利店食品时，其实在无形中就多摄入了一些猪油或其他油脂，这些"看不见"的脂肪就这样悄无声息地进入了我们的身体。

鸡蛋黄没有那么糟，牛油果没有那么好

在前文提到每天要保证摄入适量蛋白质时，我相信一定会有人问鸡蛋黄能不能吃的问题。不少人以前经常听别人说鸡蛋黄富含胆固醇，而高胆固醇会引起高血脂，之后又会诱发心血管疾病。事实上，胆固醇并不像很多人想象中那么"坏"。

《中国居民膳食营养素参考摄入量（2013 年版）》中已经取消了胆固醇的摄入上限。因为人体内的胆固醇主要依靠自身合成，从食物中摄入的胆固醇仅占体内合成胆固醇的不到三分之一，起不到决定性的作用，并不是

引发心血管疾病的主要原因，所以没有必要把鸡蛋黄当成罪魁祸首。

那么，问题来了：是不是鸡蛋黄就可以随意吃了？这个问题的答案取决于你的脂肪摄入量上限。

胆固醇也是脂肪的一种。鸡蛋黄脂肪的一大亮点，就是其中的磷脂。鸡蛋黄中的磷脂约占其总脂肪含量的三分之一，其中70%以上是卵磷脂，还有脑磷脂、溶血磷脂和少量的神经鞘磷脂等。鸡蛋所谓的"补脑"效果，在很大程度上都来自这些磷脂类物质。此外，磷脂类物质对血脂代谢也有帮助，这一点早就为人们所熟知。只是，对身体十分有益的这些磷脂类物质依然是脂肪的一种。

我们可以对比一下鸡蛋白和鸡蛋黄的营养元素含量（见图3-12）。

100 g 鸡蛋白	vs	100 g 鸡蛋黄
营养元素		
251.2 kJ	能量	1373.0 kJ
11.6 g	蛋白质	15.2 g
0.1 g	脂肪	28.2 g
3.1 g	碳水化合物	3.4 g

图 3-12　鸡蛋白和鸡蛋黄的营养元素含量对比

通过图3-12中的数字，我们就能明白为什么健美或健身的人大量食用的是鸡蛋白而不是鸡蛋黄——他们的主要目的就是避免摄入过多的脂肪。

那么，鸡蛋黄到底吃多少合适呢？简单地说，两个鸡蛋黄所含的脂肪，包括卵磷脂等在内的优质脂肪就达到了每天的需求量，所以也完全没必要一个鸡蛋黄都不吃。

要控制脂肪的摄入量，还有一种含有脂肪的水果也不能多吃，那就是牛油果。我们来看看牛油果的脂肪含量（见图3-13）。

营养元素	每100 g
热量	674.0 kJ
蛋白质	2.0 g
脂肪	15.3 g
碳水化合物	5.3 g

牛油果

图3-13　牛油果的营养元素含量

牛油果中含有的不饱和脂肪酸较多，和橄榄油的作用类似，但是一个牛油果的脂肪含量相当于四个鸡蛋的脂肪含量，所以建议每天食用四分之一个牛油果，否则脂肪摄入量也容易超标。可见，某种食物健不健康，要依"量"而定。

性价比极高的天然维生素

之前我们提到过，水果也是有热量的，而且大量食用也会给身体造成负担。但是有的朋友对我说，自己就是喜欢吃水果，而且几乎所有的广告上都说维生素对身体特别好，每天都应足量摄入。如果不吃水果，维生素从哪里来？

水果中的确含有维生素，但水果的维生素含量是最高的吗？有没有可能是一些人被某些广告"洗脑"了，以为只有吃水果才能补充维生素呢？

我们来对比一下蔬菜的维生素含量和水果的维生素含量。

绿叶蔬菜的平均维生素含量居于各类蔬菜之冠。100 g 新鲜绿叶蔬菜的维生素 C 平均含量为 20～60 mg，比如 100 g 西蓝花中含有的维生素 C 约为 51 mg，几乎是 100 g 橙子维生素 C 含量的 1.5 倍和 100 g 苹果维生素 C 含量的 10 倍。

很多人想不到的是，绿叶蔬菜还是 β - 胡萝卜素的优质来源，虽然其含量略逊于胡萝卜，但远高于番茄、橙子和红薯。每 100 g 深绿色的蔬菜可以提供 2～4 mg 胡萝卜素，换算成维生素 A，相当于成年人一日必需量的 30%～50%。

为什么那么多人喜欢喝果汁饮料？可能不是因为有营养，而是因为有糖分，口感好。水果也是如此，胜在口感。

所以，不要把补充维生素当作吃水果的唯一理由。

另外，水果的价格也比较高，按照现在的消费水平，100元能买到的水果并不多，却可以买到大量的蔬菜。无论是从价格还是从维生素含量来看，肯定是蔬菜的"性价比"更高。

另外，绿叶菜中含有的维生素可不仅有前文提到的两种。其中的维生素 B_2 含量也相当可观，如果按照干重计算，比肉类、蛋类的维生素 B_2 含量还要高！维生素 B_2 是国人比较容易缺乏的一种营养素，人们经常出现的舌头疼、烂嘴角、嘴唇肿痛等症状，很可能是体内维生素 B_2 不足导致的。

若论起叶酸的含量，也没有多少食物比得上深绿色的叶菜。顾名思义，叶酸是绿叶蔬菜中含量非常高的一种营养素。如今的育龄女性都知道，叶酸在预防胎儿畸形方面尤为重要，在怀宝宝之前一定要多补充叶酸，也要多吃绿叶蔬菜。而叶酸的好处不止于此，近年来的研究证实，充足的叶酸还能减少患阿尔茨海默病的风险。

所以，日常饮食中每餐有 100～200 g，也就是一盘绿叶蔬菜是非常有必要的。如果每天平均摄入 300 g 深绿色叶菜，对健康的作用可不仅限于带来充足的叶酸，还有带来 6 mg 的 β-胡萝卜素和 60 mg 维生素 C，提供帮助强健骨骼的 600 μg 维生素 K、600 mg 钾和 300 mg 镁，以及对心脏病、白内障和视网膜黄斑变性有预防作用的大量叶黄素。

这些才是我们真正需要的精力饮食的优质"燃料"！强烈建议你日常饮食的每一餐都配有一盘绿叶蔬菜。

如果长时间在外，无法摄入足量的绿叶蔬菜，也可以选择服用维生素片剂作为补充。需要注意的是，市面上销售的维生素保健品和售价几元的维生素药片的有效成分是相同的，除了因添加香精、色素、甜味剂而引起的口感不同，并没有其他区别。所以，选择普通的维生素片即可。

水是最好的运动饮料

　　水是对于人体非常重要的物质，但是到底每天喝多少水合适，一直都有争论。一般建议每天的饮水量为每千克体重 30 mL，这个建议来自美国国家科学院医学研究所。比如一个人的体重是 60 kg，每天的建议饮水量就是 1800 mL。这和普遍倡导每天喝八杯水的建议不同，因为体重分别是 50 kg 和 90 kg 的两个人，饮水量肯定是不同的。比如我的体重是 90 kg，如果每天喝八杯水，一定会觉得口渴，水分补充不足。

　　要养成定时喝水的习惯，不要等口渴时再喝。口渴时机体已经处于缺水状态，并开始利用调节系统进行水平衡的调节，这时再喝水虽然可以补充缺少的水分，但并不是最好的时机。

　　充足的水分会增加身体的活力，提升皮肤和筋膜的质量，保持肌肉和关节的润滑，还可以延缓衰老。脱水、压力等因素会使筋膜和肌肉周围的结缔组织以及关节变得干燥甚至老化，而水分充足可以延缓这个过程，提高肌肉组织的质量。另外，充足的水分可以防止暴饮暴食。有时候感觉饥饿，其实也可能是口渴，这两个信号容易发生混淆。

　　有个简单的办法可以判断自己体内的水分是否充足，就是观察尿液的颜色。如果尿液颜色很浅或者是柠檬色，说明体内的水分处于正常范围内。如果是深柠檬色或者苹果汁的颜色，说明身体处于脱水状态，而脱水可导致身体机能下降，这时必须立即补充水分。

我姥姥就是喝水特别少的人，她一天的饮水量不到 800 mL，除了吃保健品、药品时喝水，其他时候几乎不喝。一次体检发现她有血液黏稠的问题，这种情况严重时会影响人体重要器官的血液供应，引发心脏病和中风。

导致血液黏稠的原因有很多，其中一个就是饮水量不足。血液中有 90％以上是水。大量出汗、服用利尿剂、腹泻等情况引起的身体失水，都可能使血液容量减少，使血液中的有形成分（红细胞等）相对增多，血液黏稠度也会随之增加。一旦饮水量充足，体内水分得到补充，黏稠的血液就会很快得到稀释。

后来我问姥姥为什么每天喝水那么少，她说看到报纸上说多喝水对肾脏有负担，可能会引起水中毒，她特别相信报纸上的话，从那时起就开始尽量少喝水。因为这件事，我查阅了大量的资料，发现很少有人因大量喝水而出现肾脏负担和水中毒现象，并且往往是本身有肾脏疾病的人才会出现这样的问题。这条不靠谱的信息对我姥姥的生活产生了极大的影响，后来全家人一起劝说了很久，老人家才改变了想法，逐渐增加了饮水量，血液黏稠的情况也有所改善。

在运动时，如果水分流失超过体重的 2%，就会降低一个人的运动表现。随着汗液排出体外的还有电解质，主要是钠和氯离子，还有少量的钾和钙。所以，在运动中补充水分时可以选择电解质饮料，如果不希望增加糖的摄入，可以选择无糖的电解质饮料。

不建议选择含糖的饮料补充水分。如果不喝含糖饮料，每天摄入的糖就可以减少很多，这样也会让身体保持更好的状态。

也不建议选择含咖啡因的饮料，比如咖啡和茶，它们同样会对我们的身体产生影响。首先，咖啡因有利尿的效果，喝了大量的咖啡和茶之后，身体反而会排出更多的水分，可能会越喝越渴，所以，口渴时不要选用含有咖啡因的饮料来补充水分。

其次，咖啡因是全世界非常受欢迎的表现增强剂，是一种会让神经变得兴奋，从而驱走疲劳的神经刺激物。研究证明，咖啡因具有提高大脑灵敏度、反应速度以及注意力、耐力的功效。

研究显示，摄入每千克体重 3～6 mg 的咖啡因，对运动员最有利。英国食品标准局建议人体每天的咖啡因摄入量不超过 400 mg，作为比较，一杯 450 mL 的现磨咖啡中含有约 330 mg 咖啡因，单份浓缩咖啡中含有约 75 mg 咖啡因，而一杯自制咖啡中则含有约 200 mg 咖啡因。

此外，咖啡因的半衰期是 6 小时左右。也就是说，咖啡因保留在体内的时间有可能比你想象中更为长久。如果你能做到不在晚上摄入咖啡因，让自己在夜间睡得更香，当然最好。但是，如果你早上已经喝了一大杯咖啡，当天又在上班时喝了一杯现磨咖啡、几杯茶（一杯茶中的咖啡因含量为 25～100 mg 不等），午饭时又喝了一罐可乐（含有 35 mg 咖啡因），那你摄取的咖啡因肯定是过量的。

大量摄入咖啡因会令人焦虑不安。如果血液中的咖啡因浓度过高，将导致入睡困难或睡不安稳。咖啡因还是一种容易让人上瘾的物质，如果每天大量摄入咖啡因，身体就会对咖啡因产生耐受性，需要越来越多的咖啡因才能达到醒脑的效果。

所以，在把几种常见的补水方式进行比较之后，可以发现，水才是最好的运动饮料。

适度饥饿，极度敏锐

"Stay hungry，stay foolish"（直译为"保持饥饿，保持愚蠢"）是乔布斯的经典名言，对于这句话有很多种理解，各有道理。说到"保持饥饿"，我更愿意用接下来这句话解释饮食管理的重要性：保持适度的饥饿感，注意力会更加敏锐。

人体在适度饥饿的状态下，胃部的消化负担比较小，不需要过多占用大脑等其他器官组织维系正常功能所需的血液和氧气，从而可以让大脑始终保持清醒和敏锐，避免"吃饱就困"的现象。

但是，一旦超过饥饿临界值，人体的能量得不到充足的供应，注意力就会集中在饥饿这件事上，只会适得其反，还可能会出现营养不良、低血糖、心率减慢和其他健康问题。

那么，吃多少东西能保持良好的精力状态，又不会感到饥饿呢？建议每餐以八分饱为宜。拿晚餐举个例子，晚餐吃八分饱，就是吃完饭后胃部没有明显的饱胀感，可以再吃两口的程度。到临睡前可能略有饥饿感，但这种饥饿感可以忍受，而且身体是轻盈舒服的。如果吃十分饱，就是吃完胃部被填满，多一口也吃不下的程度，到临睡前也不会有饥饿感。

主观感受存在个体差异，我们也可以按照本章介绍的公式先计算出每天所需的三大"燃料"的摄入量，再分别乘以 80%，就得出八分饱的具体数值了。

八分饱只考虑摄入量是不够的，还要考虑持久度—— 一餐结束后，到下一餐之前基本不觉得饿，才是我们追求的"适度饥饿"。尽可能选择优质"燃料"，做到品种多样、营养均衡，才能保证身体获得持久稳定的能量来源。

有些热爱美食的人可能会觉得八分饱就是没吃饱，是一种折磨，我建议这些人尝试放缓吃饭的速度。因为饱腹感从胃部传递到大脑至少需要 15 分钟，如果吃饭特别快，时间少于 15 分钟，往往在饱腹感还没到来时就吃进过量的食物了。可以试着增加咀嚼的次数，或者吃到半饱时放下碗筷休息几分钟，留给身体充分的时间去感知，这样，往往不需要进行克制就能达成控制食量的目标。

吃饭时也尽量不要分神。一旦注意力分散到吃饭以外的地方，就很容易出现"面前有多少食物，就吃进去多少食物"的情况。美国康奈尔大学的研究人员曾做过一个爆米花实验：给每位观影者赠送一份爆米花，有的是中桶，有的是大桶。结果发现，拿到大桶爆米花的观众比拿到中桶的观众多吃了 53% 的爆米花，而且这一结果不受观众年龄和电影类型的影响，也就是说，观众吃下爆米花的多少，只与爆米花桶的大小有关。这里的关键性因素不是人的因素，而是情境因素。

如果你习惯于边看电视或者手机边吃饭，那就换一个小一号的容器来装食物吧。

掌控
重启不疲惫、不焦虑的人生（经典修订版）

第四章

精力恢复

——会休息，压力也赋能

规律运动、合理饮食

只是精力管理的一部分

在从零到一的过程中

不能缺少休息这个重要环节

行百里者半九十，
差的就是这"十里"休息

在一个关于意志力的实验中，参与者被分成三组：第一组吃曲奇饼干，第二组只吃胡萝卜，第三组什么都没吃。之后三组志愿者都被要求去解答一道实际无解的几何题。结果是，吃过饼干的第一组坚持的时间最长，而什么都没吃的第三组最早放弃。

这个实验说明，意志力消耗的快慢不同。后来的诸多同类实验都表明，意志力是有极限的，即使在强大的压力下也无法透支，只能通过休息得到恢复。

精力管理也是如此，除了运动管理和饮食管理，还有一个非常重要的环节，就是恢复。现实中很多人都忽略了这个环节，甚至认为运动健身就是越累效果越好。

其实，想要在训练课上让学员在短短几分钟内"累到吐"，是非常容易的，可这是运动健身的目的吗？显然不是。我们的目的是运动后能在高强度的工作中游刃有余，在工作之外还有精力去享受生活。为了达到这样的目的，在适量的运动之外，还需要充分的休息以让身体恢复。

我有一位朋友为了让身体更健康，购买了私教课程，每周坚持健身三次，每次都增加有氧训练的强度，不断地挑战自己，训练结束后还经常熬夜工作。结果经常在训练后第二天就开始发低烧，状态越来越差。她觉得很奇怪：不是都说运动之后体力会更好、精力会更旺盛吗？为什么自己运动之后身体状况更糟糕了？

我向她解释说，规律运动、合理饮食只是精力管理的一部分，在"从零到一"的过程中不能缺少休息这个重要环节。行百里者半九十，差的往往也就是这不起眼的"十里"——休息。只有在训练后进行有效的休息，身体才能有更好的表现。

如何正确理解"休息"这两个字呢？

首先，我们来界定一下休息的目的。我们应该"为更好的生活状态而休息"，而不是"因训练或工作过度疲劳而休息"；休息是一种积极主动的选择，而不是不得已而为之的动作。

其次，要看休息的频次。休息绝对不应该只存在于节假日，而应该存在于每一天。这句话可能很多人不太理解，他们会说："我每天下班回家后都在休息，看会儿电视、刷会儿手机、追追剧，不都是在休息吗？"其实，这些都不是真正意义上的有效休息。

最后，要看休息的效率。会休息是一种利用最短的时间缓解疲劳、让身体恢复到最佳状态的能力，唯有掌握了正确的休息方式，才能让自己有精力享受生活带来的乐趣。

休息是一项为工作赋能的技巧。我常说：不会休息就不会工作。

真正的成功人士都特别重视自己的休息能力。例如，年过百岁的杨振宁长期保持着清醒的头脑和活跃的思维，就是因为他在面对困难时，不硬熬、会休息。据说，他的老师曾回忆道，杨振宁是一个时刻保持好奇心和新鲜感的人，在遇到难解的题目时，他的处理方式和其他学生不一样。大部分学生在遇到难题时喜欢一鼓作气，解不出来就不休息。而杨振宁的方式是，放下笔出去走一走、让头脑清醒一下，过会儿回来接着做，等再遇到卡点就再休息，这样，难题最终总能被他解出来。

你看，休息和工作是不是相辅相成的？我们可以赋予精力管理新的含义：充分休息＋高效工作＝活出想要的人生。

走走停停才跑得好人生这场马拉松

普通人比专业运动员更需要学会休息。这一论断看似反常，其实大有深意。

第一，专业运动员有保持身体巅峰状态的成熟管理机制，而普通人没有。

专业运动员通常 90% 的时间都在训练，为了在训练时保持最佳状态，他们的作息计划都经过专业的科学规划，目标主要有三个：增强、保持和恢复状态。这是在为短期的高强度竞技做准备。而要达到这种高标准的要求，他们必须遵守极其完备而严格的日常作息安排，包括吃饭睡觉、训练休息、情绪控制、心理准备、保持专注、定期自查目标完成情况，等等。

这么科学、系统的作息计划，大多数普通人根本就接触不到也做不到。可是普通人也需要在每天 8～12 小时的工作中做到出类拔萃，才有可能加薪或晋升。这种工作强度并不一定低于运动员的训练强度，却没有与之匹配的身体状态管理机制。

第二，专业运动员有集中爆发之后的"保健"阶段，而普通人没有。

在长达数月的高压力、高强度的竞技比赛后，运动员需要集中休养、疗伤和调整。因此，在每年的比赛淡季，大多数专业运动员可以享受 4~5 个月的假期。

相反，普通人一整年的假期加起来也不过几周。即使在休假期间，也不见得可以完全休息，因为可能有与工作相关的事情需要处理，还要考虑下一步的工作计划和目标。

第三，专业运动员可以"拿青春赌明天"，而普通人的人生更像一场马拉松。

专业运动员的平均职业生涯为 5~7 年，如果财务管理得当，这一阶段获得的经济报酬，基本可以保证一生衣食无忧，只有极少数人需要在退役之后再找其他工作，继续谋生。

相比之下，普通人的工作生涯为 40 年左右，如果中途辞职就可能会失去基本的生活保障。

所以，对普通人来说，充分休息是生活得以正常继续的必要环节。那么，什么才是充分有效的休息呢?

贪吃、失眠、焦虑……
只是因为你累了

　　有一次，一位一岁孩子的妈妈向我咨询减肥的事。我在了解了她的生活习惯后，发现影响她体重的最重要因素不是饮食，也不是运动，而是不会休息。

　　这位妈妈看起来每天都非常忙碌：早起做早饭、送孩子去幼托班、去单位上班、下班回家做晚饭、照顾孩子。一天之中几乎没有属于自己的时间，所以，晚上哄孩子睡着之后她要看一会儿电视剧，临睡前躺在床上要刷1~2小时手机，直到深夜12点或1点才入睡。通常她第二天起床困难，总感觉睡不醒。相信这也是很多职场妈妈的一日作息。

　　在睡眠不足的情况下，要想有足够的精力工作，有些人需要各种重口味食物的刺激，比如麻辣香锅、麻辣小龙虾、红油火锅、芝士蛋糕等，这些辛辣、重糖、重油的食物纷纷被列入"美食清单"。这类"重口味"的食物会让人胃口大开、食欲大增，而没有这些食物，他们就容易感觉萎靡不振，仿佛生活失去了希望。

于是，身体进入了一个恶性循环：睡得越来越晚，吃得越来越多，口味越来越重。减肥和控制饮食成了一种奢望。

可以发现，暴饮暴食的一个重要原因其实是睡眠不足。

所以，正确休息的第一步就是保证充足的睡眠。解决了睡眠这个基本问题，才能谈吃什么、吃多少的问题。有人可能会说，既然控制不了吃，那就运动吧。事实上，如果在睡眠质量不好的情况下运动，对身体并没有帮助，反而会导致身体更加疲劳，造成身体的过度损耗。

我发现很多人对正确的休息方式存在误解。我问这位妈妈，她所理解的休息是什么样的。她认为，最好的休息是和朋友聊天或是窝在沙发里追剧、刷朋友圈。那么，这些是正确的休息方式吗？

之前有人做过调查，发现一个人在越困、越累的时候，反而越想上网浏览信息，于是会越睡越晚、越来越累。但研究结果非常明确——刷手机、上网不能让我们得到休息，反而会让我们变得更累。

我们有两个非常重要的精力维度——意志力和专注力——都要从休息中得到恢复，但是刷朋友圈、追剧、看新闻等这些所谓的休息方式，其实在继续消耗我们的意志力和专注力，所以做这些事反而让我们更累了。我以前也是如此，午休时间总想找一个节目来听，结果午休的一个小时，都被我用来寻找喜爱的节目了。不但没有得到休息，反而更疲惫了。

关于和朋友聊天是否属于一种休息方式，一位多伦多大学的研究者做过调查。他通过观察100多名大学工作人员吃午餐的情况，发现一个人如果和同事一起吃午餐，不论其间的聊天内容是否与工作相关，这个人都无法得到很好的休息，到下班时会非常疲惫；如果是和老板一起吃午餐，情况会更糟糕。

由此可见，那位妈妈自认为适合自己的休息方式都不是正确的休息方式，并不能很好地帮她缓解疲劳、补充精力。

我们需要知道的是，当我们精力不足、身心疲惫时，可能是因为我们的精力管理方式出现了问题，并不是生活本来就如此。这时我们要做的是调整精力管理方式。有了足够的精力，就能出色地完成工作，能在工作之余好好陪伴家人，甚至还能花时间在自己的业余爱好上——这才是我们想要的休息效果。

睡眠是非常好的医疗手段

对运动员来说，休息好是刚性需求，所以他们的经验非常值得我们借鉴。那么，运动员认为什么样的休息方式最重要？

一位外国记者通过采访 40 名顶尖运动员发现：这些运动员有的平时做瑜伽，有的不做瑜伽；有的喜欢吃肉，有的不喜欢吃肉；有的喜欢吃偏热的食物，有的喜欢吃冷的食物。他们的生活习惯大多不同，但唯有一件事是相同的——这些精力状态超群的顶尖运动员，都认为睡眠是最重要的休息方式，而且他们对待睡眠的态度都非常认真。

万科公益基金会理事长王石曾在一次演讲上说，睡眠也是需要学习的，好的睡眠是非常好的医疗手段。他只要一闭上眼就能睡着，超过 3 分钟还没睡着就算失眠，而且在飞机上或颠簸的汽车上都能睡得很好。对他来说，不管第二天要面对什么，都要先有个好的身体状态。想要有好的身体状态，除了健康饮食、合理运动，睡眠也是非常重要的一个因素。

怎样才能拥有优质睡眠？

要保证优质睡眠，在临睡前 90 分钟就要远离手机、平板电脑、笔记本电脑、电视等电子产品。要尽量减少暴露在电子设备发出的蓝光下的时间，这些蓝光会抑制褪黑素的分泌。

褪黑素在人体中的作用是什么呢？这种激素最主要的作用就是调节昼夜节律，让人在晚上感觉到困意，在早上准时醒来。除了这样的功能，褪黑素还是强力的自由基清除剂和广谱抗氧化剂，具有抗衰老的功效。

当你盯着手机、平板电脑或其他电子屏幕时，这些屏幕发出的蓝光就会抑制体内褪黑素的分泌，你就不会感觉到困意，一直到身体透支、无法再支撑任何消耗，才进入睡眠状态。所以，第二天无论早起还是晚起都会觉得累，恢复不过来。

《睡眠革命：如何让你的睡眠更高效》（*Sleep: Redefine Your Rest, for Success in Work, Sport and Life*）的作者尼克·利特尔黑尔斯（Nick Littlehales）曾经担任过曼联足球俱乐部、英国自行车队和 NBA 球队的睡眠顾问，为这些团队中的顶级运动员调整睡眠质量。他在书中提到过另外一个与电子产品相关的睡眠问题——电子产品带来的压力问题。

尼克·利特尔黑尔斯建议，如果你是发出消息后会苦苦等待回复的人，可以先把消息编辑好，等到第二天早晨起床后再发送，就像粘上邮票、准备寄送一样，这样做可以避免因为等待回复而无法入睡。是否联系别人、是否让别人联系到你，尽在你的掌控之中。这就像在告诉别人，晚上十点之后，你不一定能及时回复信息或者电子邮件。

当然，如果是亲友发来的信息，情况就不一样了。或者，如果你刚刚开始一段新的恋情，基本不可能在睡前一个半小时就远离手机，因为有可能会收到恋人发来的信息。如果没有及时回复，谁知道你会错过什么机会！但是，你可以关掉笔记本电脑、平板电脑和其他类似的设备，停止收发工作邮件；你可以不躺在床上使用高清音质的平板电视机观看场面火爆的动作片或玩射击游戏。简而言之，在这一阶段减少电子产品的使用，将是一个良好的开始。

如果你能了解自己在整个白天大约多久查看一次电子设备、出于何种原因查看这些设备（包括短信、电子邮件、新消息、社交媒体——无论是否与工作相关），你就向前迈进了一大步。有研究显示，成年人和青少年平均每天查看手机的次数高达 150 次以上，或者除去睡眠时间平均每 6~7 分钟就查看一次手机。听上去似乎多了点，但如果你留意一下自己多久解锁一次手机，就会发现这个平均次数是真实的。

如果我们尝试在白天找到一段空闲时间，暂时离开电子设备一小会儿，做一些让自己心情舒畅的事情，就能逐渐控制这种行为。比如：在运动时，把手机放在旁边，把自己从不断回复各种信息的状态中解放出来；在上班途中，可以放下手机，拿起一本早已开始却始终没有读完的书；和同事或朋友外出午餐时，把手机锁在抽屉里，让自己完全投入美食和聚会中。这些方法都能让你的大脑暂时脱离电子设备，提高愉悦感。

等你习惯这样做之后，就能自然而然地让远离手机成为睡眠前的例行程序，而这样做本身对于身心也是一种犒劳。

并且，还要确保在入睡前将手机关机。

深度睡眠修复身体，
快速眼动睡眠修复大脑

基于云端大数据发布的《2023 中国健康睡眠白皮书》显示，中国人的平均睡眠时长为 7.23 小时，且入睡时间越来越晚。白皮书中还统计了失眠的情况：76.5% 的受调者存在失眠问题，其中有 2.6% 的人存在严重的睡眠问题。

通过上面的数据可以发现，现代人的睡眠质量越来越差。睡觉的理由似乎只有一个——让自己休息，而不睡觉、晚睡觉的理由有千千万万个，比如上网、刷朋友圈、吃夜宵、看书……我们似乎总能找到一个"神圣不可侵犯"的理由。

那么，睡眠不足会引发什么问题呢？包括记忆力下降、认知能力下降、判断失误、精力不足、难以恢复身体最佳状态，等等。还可能会出现暴饮暴食、内分泌紊乱、体重增加等情况，会引起一连串的恶性循环。

有人或许会问：我有太多事情要做，实在不舍得把时间浪费在睡眠上，可不可以每天只睡 4 小时？

我们来了解一下睡眠周期就知道这种做法可不可行了（见图 4-1）。

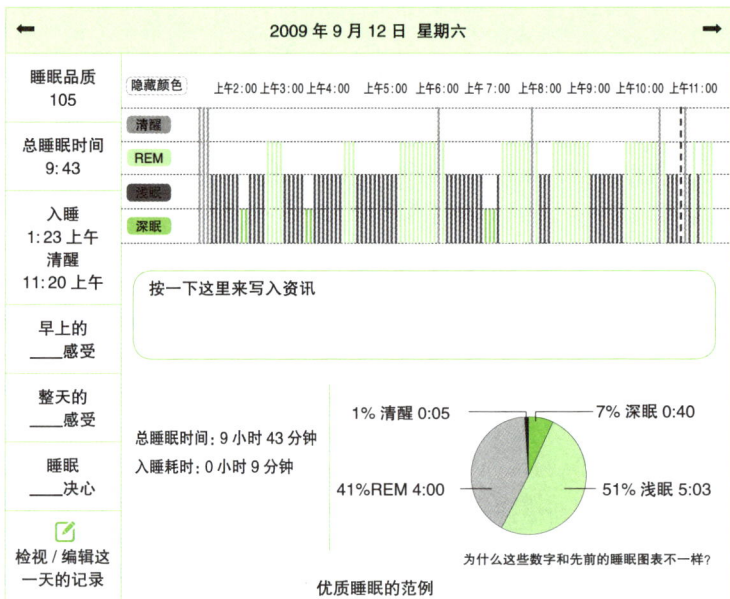

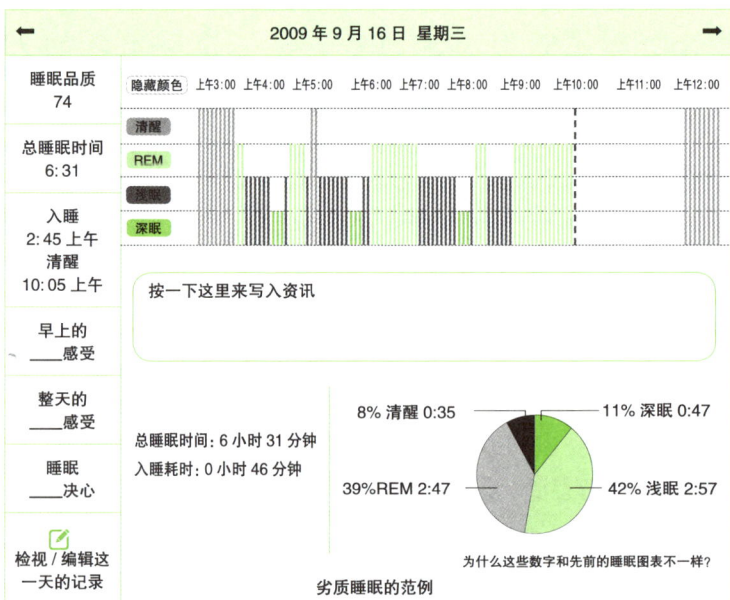

图 4-1　睡眠周期范例

（注：本图选自 Timothy Ferriss. *The 4-Hour Body.*）

睡眠包括快速眼动睡眠（Rapid Eye Movement，REM）和非快速眼动睡眠（Non-Rapid Eye Movement，NREM）。其中非快速眼动睡眠又分为浅睡眠和深睡眠。人体的正常睡眠是由多个睡眠周期组成的，在一个周期中 REM 和 NREM 会交替出现。从图 4-1 中可以看到，深灰色区域的浅睡眠、深绿色区域的深睡眠和浅绿色区域的快速眼动睡眠是交替出现的。经常佩戴心率手表的人可以发现，隔天的数据中会有三个数值：平均深睡眠时间、平均浅睡眠时间和平均清醒时间。

不同的睡眠状态对身体的作用也不同。

刚入睡时，人体处于浅睡眠状态，之后过渡到深睡眠状态。人体进入深睡眠后，心跳很慢，呼吸沉稳，睡得很香甜，有的人会打呼噜。这时，劳累了一天的肌肉组织和骨骼完全放松，整个身体组织进入深度修复状态，免疫系统也会得到加强。

深睡一段时间后，就会进入快速眼动睡眠阶段。这时，心率变快、血压升高、大脑进入高速运转状态，全身肌肉更加松弛，眼球一直在快速运动，做梦通常就发生在这个时期，并且还能在睡醒后留下印象。

如果在此阶段醒来，也能很快继续入睡，这也是为什么有些人说自己做梦做到一半醒了，接着睡着的话还能延续之前的梦境。

快速眼动睡眠与深睡眠的不同在于，处于前一个状态中的人肌肉更加放松，大脑极度活跃。可以说，深睡眠阶段主要放松的是脖子以下的肌肉，而在快速眼动睡眠阶段，人体的全身肌肉都可以得到彻底放松，大脑开始对白天获取的呈零散状态的信息进行加工处理。

快速眼动睡眠对我们来说格外重要。为什么呢？在身体完全放松的这个时期，大脑仍在繁忙地工作着，而且极其活跃。一方面，大脑使记忆免受其他信息的干扰，将其强化为长期记忆；另一方面，大脑对白天获取的信息重新梳理整合，深化理解。很多人在梦中找到灵感，并不是没有科学依据的。

总的来说，深睡眠让我们的身体修复充电，而快速眼动睡眠让我们的大脑整理升级，二者缺一不可。

那么，如何获得更多的快速眼动睡眠呢？

答案很简单，就是睡够 8 小时，大致相当于 5 个睡眠周期。

你有没有发现，我们往往在快天亮时开始做梦，梦醒后还能记住一些片段？这就是快速眼动睡眠阶段的特征——多梦。实验证明，睡眠时间越充分，快速眼动睡眠时间的占比越大，我们越能获得真正的"黄金睡眠"。

打算每天睡 4～5 小时的朋友是不是可以打消这个念头了？

数据化睡眠优化方案

比睡眠时长更重要的，是保持睡眠时间的一致性。

2017 年的诺贝尔生理学或医学奖获得者从果蝇身上分离出一种基因，这种基因可以控制果蝇的日常生物节律。研究者表示，这种基因可以让果蝇在白天时对体内的一种蛋白质进行编码，使它们聚集，到晚上则进行降解。随后，研究人员又发现了这种机制的其他蛋白质组分，从而揭示了到底是一种怎样的机制使得细胞内的生物钟持续工作。这个实验结果同样适用于人类。

在一天之中的不同时段，我们体内的生物钟对各种生理功能进行着非常精准的调节，例如行为、激素水平、睡眠情况、体温以及新陈代谢等。当我们所处的外部环境和我们体内的生物钟不匹配时，我们的身体就会马上感到不适，比如乘飞机穿越数个时区导致的"时差"。此外，还有迹象表明，如果我们的生活方式与生物钟出现偏差，患上各种疾病的风险也会随之增加。

就像我们工作时总想知道日程安排一样，我们的身体也很想知道它的睡眠安排：有多长时间可以用于睡眠、什么时间段可以入睡。一旦形成了规律，身体就会制定一套时间表，分配好深睡眠、浅睡眠、快速眼动睡眠的时间，确保我们每天准时自然醒来，并感到精力充沛。

那么，该怎样形成睡眠规律呢？

我的一位朋友曾经认为他每天睡 4 小时，照样可以精力充沛地工作。不管熬到多晚，早上起来喝一杯咖啡就可以唤醒身体、激活大脑，让他开始高强度的任务处理。每次我们聊起充分睡眠的重要性时，他都不以为意。直到佩戴了电子手环后，他才知道自己在睡眠不足的情况下，看似饱满的精神状态都是以心跳次数激增为代价的。

早上起床时，心跳应该是由慢到快逐渐恢复的，而他在早上起床时，心脏像是经历了心肺复苏一样，直接进入了快速运转状态。

为了形成合适的睡眠规律，我给他的建议是观测一周或更长时间的睡眠数据，找到深睡眠、快速眼动睡眠的曲线，建立睡眠时间的一致性，循序渐进地调整，直到达到最好的状态。例如，本周睡眠与上一周相比，不同睡眠状态的时长是多少、静息心率的变化曲线是什么情况，下周做出相应的调整，保持规律的作息安排。

如何根据电子手环提供的数据，分析自己的睡眠质量呢？

第一，看睡眠时长。

首先，把两周的睡眠数据放在一起，可以看到每周的平均睡眠时长是多少、睡眠总时长够不够，根据这些数据可以对自己的睡眠质量做出评估。比如，专家建议每天的充分睡眠时间为 8 小时左右，也就是一周 56 小时左右，如果数据显示一周的睡眠总时长只有 48 小时，平均每天睡眠时长不到 7 小时，说明本周的睡眠略微不足。其次，还可以看到哪几天睡眠严重不足、睡眠有没有规律。例如，每周五晚上有固定聚会，或者每周三是提交计划方案的时间，这些周期性的事务导致了睡眠缺乏，从中找到原因可能就找到了解决方法。

这位朋友监测了一段时间自己的手环数据后，发现自己每周五晚上都会熬到后半夜，一回想，是因为每周五晚上都有应酬。但他常常在周六、周日依旧睡眠不足，没有对周五严重不足的睡眠做任何补救。他一周的总睡眠时长是 42 小时，平均下来每天只有 6 小时。

针对这种情况，我对他的建议是：既然每个周五的应酬时间是不能改变的，在周六就要有意识地补充睡眠，调整状态。

第二，看快速眼动睡眠和深睡眠的占比。

前文讲过，快速眼动睡眠占整个睡眠时长的比例越高，一个人就越能从睡眠中获得充分的休息。需要保证 8 小时睡眠的意义，主要就在于增加快速眼动睡眠的时长。快速眼动睡眠阶段是大脑对白天的零散信息进行梳理记忆、整理合并的阶段。

从这位朋友的手环数据中，我们发现他的快速眼动睡眠时长明显不足，所以他第二天起床昏昏沉沉，上班状态不佳。对此，补救方式就是中午打一个盹，或者第二天晚上提早入睡。

有了具体数值作为参考，我们就知道自己状态不佳的睡眠原因是什么、应该从哪里着手改善了。

如果某天起床时感觉整个身体很僵硬，可能是因为深睡眠不够。此时需要做的是伸展练习，让身心更舒服一点。

如果某天发现运动强度被迫降低，比如原来每天俯卧撑的极限个数是 20 个，但做了 15 个就体力不支了，或者举哑铃的重量变小了，又或者注意力不集中，大多是睡眠不足导致的。这时就不建议做力量训练，而应该主动地让身体及时放松，比如找个地方补觉就是一个不错的方法。

按照这个方法调整了一个月左右，这位朋友形成了稳定的睡眠规律，并且非常清晰地知道自己应该在什么情况下增加睡眠时间、遇到突发情况怎么处理。找到了自己的新规律和新方法后，他按时入睡、按时醒来，精力和身体的整体状态都得到了明显的提升。

我身边的很多朋友每天都要应对各种随机安排，工作中充满各种不确定性，而在改善睡眠质量、保持一致的睡眠时间和习惯后，其决断力、洞察力都明显得到了提升。即使在一段时间内满负荷运转，他们也能精力充沛地进入工作状态。

自然入睡，自然醒来，胜任工作并享受生活，我们想要的掌控感不过如此。

很多时候，我们可能会对睡眠问题感到茫然无措，所幸，数据会帮助我们找到解决睡眠问题的规律和方法。

小睡 25 分钟，
判断力提升 35%

对现代人来说，保证每天的规律作息是很难的一件事。总会时不时出现身不由己的无法按时入睡、无法保证充分睡眠、睡眠不足或睡眠不规律的情况。这时该怎么办呢？如果一周睡眠不足，该如何进行补救？科学家实验发现，一周之内晚睡最好不要超过两次，在这种情况下，做一些补救措施，精力还是可以恢复的。

我有个同学是一位体育老师，他抽烟、喝酒、熬夜，说起来算是个生活习惯很差的人。但他的身体状态一直都很好，是我们同学中精力最旺盛的那个人。我一直都无法理解：这么能消耗身体的人，怎么能一直保持充沛的体力？这不科学。

后来发现，他有一个自己的秘诀——周六、周日全天都在睡觉。这就是他的恢复机制：周一到周五消耗，周六、周日修复。

他找到了适合自己的修复方式。这种修复方式的好处在哪里？睡眠时间足够长，睡眠过程依旧涵盖了深睡眠和快速眼动睡眠，让他得到了真正的身心修复。

这种方式对于我们也同样有效：如果前一天熬夜了，第二天就用大量的时间补觉。例如，可以提前就寝，以延长晚上的睡眠时间。这种及时修复的方式是最好的补救措施。

那么，打个盹儿，午睡一会儿管不管用呢？

准确地说，午睡并不能使身体和大脑得到深层修复，但也有快速清理"内存"的效果，相当于让大脑"关机又重启"了一次，能使精力状态得到快速恢复。美国国家航空航天局（NASA）做了很多有关打盹儿的实验，发现小睡 25 分钟，就能让判断力增强 35%、反应力增强 16%。

但需要注意的是，打盹儿和午睡时间不要超过 30 分钟。保持浅睡眠状态，才能起到快速清理"内存"和"重启"的效果，哪怕只是闭着眼睛养养神也可以。如果超过 30 分钟，就容易进入深睡眠状态，这时被叫醒，反而会引起判断力、反应力的下降，失去了帮助精力恢复的作用。

人体蓄能密码：腹式呼吸

我们来尝试一下：找准身体的正中线，左手放在胸口位置，右手放在肋骨下位置；深深吸气，右手所在位置能感觉到鼓起；然后左手位置微微松开，吐气；整个身体会微微下沉，慢慢放松下来。这是一个完整的深呼吸过程，更准确地说，是腹式呼吸过程。如果没有深深吸气，而是吸得很浅，只吸到胸腔就吐出去了，这就是胸式呼吸模式，身体感觉不到完整而彻底的放松。

为什么腹式呼吸这么重要？

第一，我们可以通过腹式呼吸主动调控肺部功能，使其换气能力应用得更充分，而胸式呼吸对肺部的调控是微乎其微的。

这两种呼吸模式的不同，主要在于膈肌是否充分参与。在腹式呼吸模式下，膈肌会随着气体的吸入而下沉，此时胸腔中压强变小，肺部能充分吸入气体。而在胸式呼吸模式下，膈肌无法随着气体的吸入有效下沉，只能依靠胸腔的扩张来降低压强，这与膈肌下沉带米的压强相比明显不足，肺部吸入的气体自然也受限；呼气时，同样由于膈肌无法有效上升，肺部中的大量气体无法呼出。这种呼气和吸气都受限的呼吸模式，会导致肺活量变小。

胸式呼吸导致肺活量不足的人群，如果直接进行运动，运动表现可能会很差。他们需要知道一点：提高心肺功能，不是只能依靠运动。肺活量从4000提高到4500，或许需要运动，而从1500提高到4000，需要的却是呼吸训练。

第二，膈肌更好地参与到呼吸中，能提高运动中的呼吸效率。举个简单的例子，有人跑步时总是岔气，其实就是膈肌发生了痉挛。在胸式呼吸模式下，膈肌参与得比较少，肌肉缺乏训练，力量比较薄弱。当人突然跑起来时，呼吸变得急促，脆弱的膈肌无法承受加大的工作量，就发生了痉挛。这是膈肌向身体发出的警报。跑步容易岔气的人，可以日常多进行腹式呼吸训练，增强膈肌的力量。

此外，膈肌通过维持腹内压，能起到支撑脊柱、协助保持身体稳定性的作用，还能避免伤害。

第三，腹式呼吸可以调动人体的副交感神经。与交感神经负责应激不同，副交感神经主要负责放松身体和消化吸收，这两者对我们来说特别重要。

有人可能对应激感受的认知不明晰，我来用自己练习拳击时的状态举个例子。

我们站在一个很小的拳击台上，两个人练习对打，每次练习时长只有三分钟。刚开始练习时只有最简单的出拳和防守动作，但在三分钟的练习过程中，整个人始终处于高度紧张状态。只有经历过才知道这短短的三分钟有多么可怕：你不知道对方的拳头会从哪个方向打过来，也不知道下一秒会发生什么，即使对方只有左直拳和右直拳两个动作而已。练习结束以后，我浑身是汗，疲劳感像潮水一般涌上来，这就是大脑始终处于应激状态导致的疲惫不堪。

还有，在玩游戏时，在最后决胜负的那几秒，我们的肾上腺素会极度飙升，而交感神经的活动就与肾上腺素有关。在游戏过程中过于紧张，游戏结束之后就会觉得身体特别疲乏，甚至全身肌肉都会酸痛。

那么，我们强调通过腹式呼吸主动恢复的目的是什么？就是不断地强化副交感神经，让身体能够主动地放松下来，得到恢复，然后在需要时再把全部精力调动起来。说得直白一些，通过腹式呼吸主动恢复就如同身体在蓄能。

很多人长期进行高强度工作，天天都处于"打鸡血"的状态，不懂得休息和放松，维持不了多长时间身体就会出现问题，有的人甚至会突然病倒。

如果要分析精英运动员和我们的差距在哪里，我认为并不在于勤奋程度，而在于他们更会放松、休息，更懂得劳逸结合。

腹式呼吸是一个可以随时使用的放松方式。不信的话，现在请你合上这本书，连续做 15 次腹式呼吸，感受一下自己的身体是不是慢慢放松下来了。

近几年，我发现很多专业的心率手表上都有了呼吸这个指标，手机上也出现了正念呼吸类 App，告诉你如何正确地去呼吸。那么，这样的正念呼吸能够给你带来什么？

我认为，是新的体验自我、体验世界的方式。

超量恢复：精力充盈的解压法

在生活中，不论是在健身房锻炼还是在公司工作，或是在家里带孩子，我们常常会用"压力"这个词来描述自己的状态。

到底什么是压力？压力一词是加拿大生理学家汉斯·赛利（Hans Selye）在 20 世纪 30 年代提出的概念。他通过实验发现，不论是身体压力还是心理压力，造成的身体对压力的反应模式是相同的。

当我们没有压力时，身体保持在一个相对稳定的状态，更容易持续产生能量。比如体温通常为 $36.1 \sim 37.2\,℃$，过高或过低都是无法长时间维持的状态。血液 pH 值、血压、血糖等也是如此。当我们有压力时，大脑会释放特定的激素，通过特定的方式产生能量来应对压力。如果压力过大，身体就会脱离稳定状态，比如生气或运动时血压会升高、血液流动速度会加快，这就是脱离稳定状态的表现。

我们的身体是不会一直保持稳定状态的，所以这是一种正常现象。

基于身体的这种特性，我们在进行精力管理时，重要的也不是让身体始终保持稳定状态，而是提高恢复速度。能越快恢复到稳定状态，身体的素质就越好。比如，两个人同时跑着追公交车，追上之后，一个人很快恢复了正常的呼吸，而另一个人喘了三分钟还没缓过来。这就是身体素质不同导致的。如果身体素质再差一些，还可能会出现恶心、头晕甚至心肌梗死。

当身体感受到压力，稳定状态被打破时，会分为两个阶段恢复。第一阶段的恢复通过抑制兴奋的交感神经系统，使心率、血压、肾上腺素快速下降，让身体恢复到稳定状态。

之后身体进入相对较慢的第二个恢复阶段，通常为几小时或几天。在这个阶段，负责恢复和放松的副交感神经系统开始工作，消化吸收能力提高，身体合成代谢激素启动，促进生长和蛋白质合成。这时，如果有充足的时间和能量，身体就能恢复到之前的状态，并产生超量恢复的效果。

在此期间，能量充足与否是容易被忽略的一个因素。我在第三章中讨论过，身体代谢是有上限的。当代谢达到上限时，我们聪明的身体就会把能量优先分给最需要的地方。

我们来看一个能量消耗的例子。

图 4-2 展示的是在一个为期五周的跑步耐力比赛中，研究人员分别在赛前、赛后一周、赛后五周对参赛者进行的能量消耗预测和实际测量结果。可以发现，参赛者的能量消耗主要包括四类：基础代谢、食物热效应（指人体在吃了食物后为了消化、吸收、运输、储存和利用这些食物消耗的热量）、跑步、其他因素（包括修复、再生、免疫功能等）。对比数据，你会发现第一周的预测数据和实测数据基本一致，而第五周出现了明显差别：基础代谢、食物热效应、跑步消耗变化都不大，但修复、再生、免疫功能的能量消耗几乎看不到了。

之所以出现这种变化，是因为我们身体的能量消耗是有上限的，一旦超出上限，身体就会牺牲一部分功能，把原来支持这部分功能的能量转投给其他更需要的地方。在这个比赛中，参赛者的身体为了给持续的、高强度的运动提供能量，就牺牲了修复、再生、免疫功能。造成的结果就是身体免疫力下降，容易疲劳、生病，精力状态也会变差。

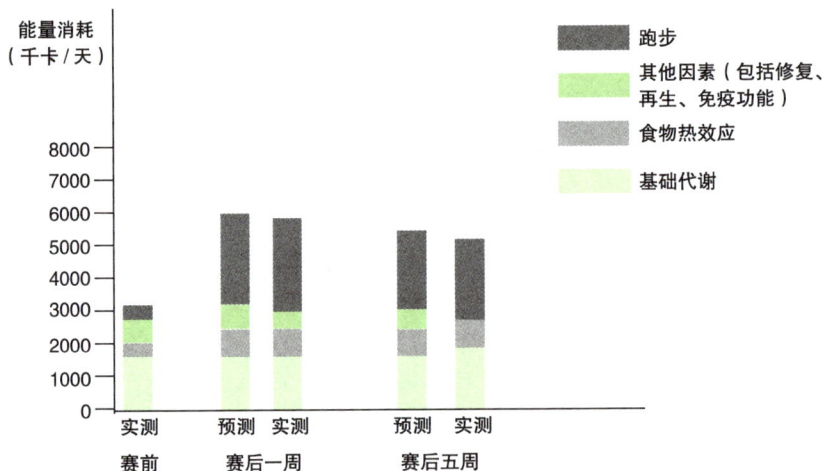

图 4-2　参赛者的能量消耗情况

　　关于超量恢复，还有一个重要概念——周期性。一周可以是一个周期，一个月可以是一个周期，一年也可以是一个周期。无论周期长短，在周期训练计划中主动留出足够的恢复和休息时间，而不是让身体被动恢复，才能获得超量恢复的效果。

　　图 4-3 是一个高水平运动员的一周训练计划。在为期七天的计划中，训练和恢复交替进行，给运动员留出了充足的恢复和休息时间。按照这样的节奏，在之后的训练周期中逐渐增加总训练量，就能实现超量恢复，让运动员的体能水平在循序渐进中不断提升。如果在比赛前期，那么，运动员的训练量反而会比平时减少 10%~30%，目的是让身体储备更多的能量，在比赛中正常甚至超常发挥。

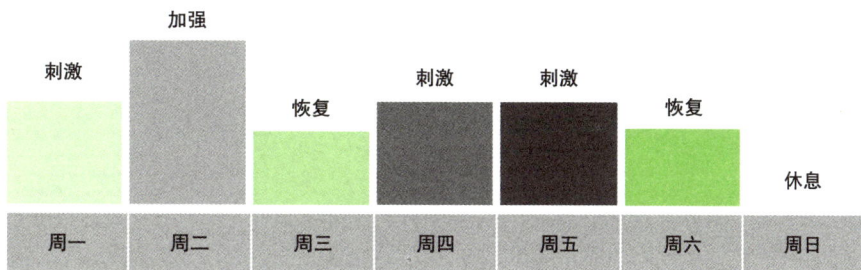

图 4-3　高水平运动员一周训练计划

　　如果是为期一个月的计划（以四周为单位），训练量应该从第一周开始逐渐增加，直至第三周达到峰值，而第四周降低运动量，让身体恢复（见图 4-4）。然后在下个月的训练周期中从第一周开始增加训练量，依次制订计划。

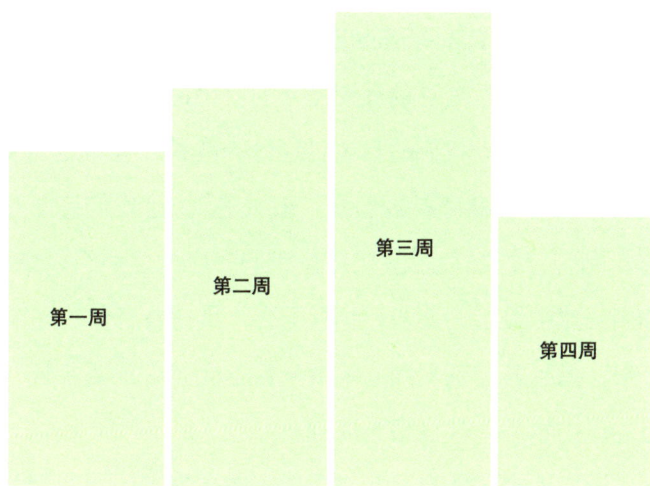

图 4-4　高水平运动员四周训练计划

　　运动如此，工作也是如此。在工作计划中主动留出恢复和休息的时间，才能始终保持精力充沛。厚积薄发，百川归海，越到关键时刻，越需要储备能量。

大厂员工都在用的战略性休息

用过心率手表的朋友会发现，在每次跑步之后，心率手表都会弹出一个界面，显示着跑步之后身体需要的恢复时间，这个恢复时间是根据跑步时的心率变异性（Heart Rate Variability，HRV）测算出来的。

心率变异性指的是逐次心跳周期差异的变化情况，是反映自主神经系统活动的重要指标之一。我们的自主神经分为两种，也就是前文提到的交感神经和副交感神经。交感神经负责"战或逃"，让我们在面对压力时进入应激状态；副交感神经负责放松，让我们在应激之后得以恢复和休整。交感神经和副交感神经各司其职，相互配合，维持着身体的健康平衡。

近几年来，我越来越感受到心率变异性这个指标的重要性，它能帮助我识别自己的压力水平，并且相对准确。

很多人说压力大会导致自己状态很差，整天疲惫不堪。但为什么有人在相同的压力下能游刃有余呢？决定不同状态的因素不只包括一个人受到的压力，还有一个关键因素，就是恢复是否充足。恢复不足时，压力对状态的影响会被放大。而恢复充足时，压力就是帮助我们成长的动力。可见，如果没有较高的恢复能力，就无法自如地应对压力。

讲恢复，得先知道压力究竟有多大。

每个人对压力的体验是不同的。之前我一直不清楚自己的压力边界，在看到心率变异性数值后才知道，很多我自认为轻松的时刻，其实压力已经"爆表"，也就是说，由于长期处于交感神经兴奋状态，我把应激状态当成了常态。

一旦有了心率变异性数据，你就会产生动力，给自己制定目标去改善身体体验到的压力值。随着数值逐渐提高，它会逐渐为你建立正反馈机制，并让你知道从哪里入手改善。实践证明，这种方式对身体状况的改善非常明显，甚至解决了困扰我多年的皮肤问题。

心率变异性如何体现压力状况呢？数值较低，说明身体处于压力应激阶段；数值较高，说明身体处于放松恢复阶段；数值变化幅度大，说明身体近期承受的压力较大，恢复能力较弱；数值变化幅度小，说明身体承受压力较小，恢复能力较强。

心率变异性数值的测量需要满足三个标准化条件：相近的时间段、同样的姿势、2.5～5 分钟的测量时间。同时满足这三个条件，测量的数据才有参考价值。

我使用的工具是心率带和 Morpheus 软件，当然，你可以按照自己的习惯选择，只要是主动测量心率变异性的工具就可以。

我们在每天早上起床之后，佩戴好心率带，静坐 5 分钟，就能看到心率变异性数据。数据显示状态好，就可以去做一些运动或有挑战性的工作，状态一般就降低强度，状态差就增加恢复和休息时间。

与上述主动测量方式有所区别的是，现在市面上的大多数运动手表采用的是后台监测数据的被动测量方式，这种方式无法保证数据是在同时满足上述三个标准化条件的情况下收集的，不具备参考价值。

另外要注意一点，运动时测量的数据也不具备参考价值。这是因为运动时心率的加快会使心率变异性数值降低，而且身体的运动也会对数值造成干扰，从而使数值失去准确性。与在运动中实时监测相比，在静止状态下监测心率变异性，根据其数值评估运动强度和身体的恢复状态更有价值。

心率变异性数值会随着人的衰老而下降，不过，通过训练和恢复，数值也可以得到有效提升，甚至有 80 岁的老年人比十几岁的青少年数值还要高的情况。

心率变异性平均值的提高依赖几个关键要素：能量代谢系统、营养、睡眠，等等。

对运动能力而言，在能量代谢时，无氧系统和有氧系统都十分重要，只是根据运动项目的不同而有不同的侧重。比如举重、100 米短跑这类需要巨大爆发力和力量的项目，由无氧系统主导；篮球、足球这类多人运动项目，往往是无氧系统和有氧系统相结合，冲刺时由无氧系统主导，慢跑、走路时由有氧系统主导；而马拉松、自行车等需要较高耐力的运动项目，几乎完全由有氧系统主导。

可见，无氧系统提供的主要是力量和爆发力，与能量输出相关。而我们无论是躺着、坐着、站着，还是睡觉、工作，始终都是有氧系统在提供能量并参与代谢。有氧系统直接关系到身体恢复水平的快慢。

想要恢复得更快、效果更好，我们可以主动做一些提升有氧系统能力的运动。

有人看到这里可能会问：难道运动不是让我们消耗能量的吗？它还能帮助恢复能量？当然可以。

主动恢复运动的强度和时间很关键，低强度运动，比如走路或慢跑，都有助于身体的恢复。肌肉训练产生的乳酸和废物本来需要一两天才会被完全代谢，而低强度运动可以促使乳酸随着能量代谢加速排出体外，帮助肌肉恢复。所以，在做完肌肉训练之后再走 20 分钟，你会发现原来沉重的腿部越来越轻松，就是因为这 20 分钟的低强度运动加快了肌肉恢复的速度。

另外，主动恢复运动能促进血液循环，帮助氧气和营养进入身体的各个器官和组织，提高吸收效率。它还能改善激素水平，促进内啡肽的释放，从而提升心情愉悦度并减少疼痛的感受。

美国知名健身专家和教育家乔尔·贾米森（Joel Jamieson）提出了主动恢复运动五步法，如表 4-1 所示。

表 4-1　主动恢复运动五步法

顺序	项目	内容	作用
第一步	呼吸训练	腹式呼吸	养成良好的呼吸习惯，专注于后四步的训练
第二步	关节灵活训练	5～6 个动态伸展的动作	热身
第三步	有氧运动	跑步、游泳、骑自行车等低强度到中强度运动，15～25 分钟	提升有氧系统的能力
第四步	力量训练	专业运动员或有设备和场地的人：把杠铃从地上拉起，在空中扔掉；共 2～4 组，每组 1～3 次；重量是 1RM（一次完整动作能够完成的最大重量）的 85%～90% 普通人：原地用力跳到最高的位置再稳稳落地；共 3 组，每组 1～3 次	刺激中枢神经系统，从而提高反应速度和注意力，使精神集中；同时能改善情绪，减轻压力和焦虑
第五步	呼吸训练	腹式呼吸	让心率恢复到正常水平，越接近早起时的心率越好，这正是身体开始恢复的时机

在参考表 4-1 之余，还有两条温馨提示。

第一，做第四步力量训练时不必完成完整的硬拉动作，因为把杠铃举起后正常下放的动作需要更多的控制，会让身体更疲劳。

第二，第五步呼吸训练十分关键，却往往被忽略。如果没有通过这一步让心率恢复正常水平，就无法开启身体恢复的过程。不要小看这小小的区别，对恢复的影响很大。

除了运动后的这种恢复方式，还有工作疲劳状态下的合理切换，这也是一种主动休息的方式。

我有一个朋友原来在会计师事务所工作，工作强度非常高，他的一位女上司怀孕后也没有休假，一直工作到临产，而且工作效率和状态丝毫不打折扣。这位女上司在怀孕期间仍然有这么旺盛的精力，令大家都觉得惊奇。后来我的朋友发现，这位女上司的办公室里有一张沙发，她每工作一段时间就会躺在沙发上"放空"一会儿。这种方式类似于番茄工作法：25分钟工作，5分钟休息。工作时像超人，而休息时像木头人，专注力非常强。这种节律性的工作—休息—工作的切换方式，让大脑有规律地高速运转—清空—重启—高速运转。这位女上司之所以具有超人般的精力状态和工作效率，正是因为她制定了有战略性的主动休息方案。

有人可能会说，自己一工作起来就停不下来、无法自拔，没办法说放空就放空。尤其是工作强度非常大的公司的员工，往往"身不由己"。建议这类人试一下冥想休息法。

有一次我和一个朋友聊起哲学中经常谈论的"我是谁"这个话题，她提出了一个很有意思的想法。她说，身处纷纷扰扰的尘世中，我们在每个瞬间都要面对大脑中涌现的无数个念头和周遭的爆炸性信息。有些精力充沛的人会让一些念头和信息自行消融，把它们抛在身后，不再让它们对自己造成任何影响；而有些人让身心成为一个容器，把这些念头和信息都留下成为自己的困扰和烦恼，于是变得保守而沉重。

留存哪些信息、放走哪些信息，看起来是无意识的选择，实则对很多人来说是一种困扰。而冥想可以很好地帮助我们处理这种困扰，做到有舍有得、不再烦忧。

脑科学家们做过这样一个实验——

让经常做冥想的人和不做冥想的人同时接上功能性磁共振设备，实时观测他们大脑的活动变化。在受试者毫无防备的情况下，实验人员突然用火燎了一下他们的腿部，所有人都发出了"嗷"的一声，这是受到惊吓的正常反应。

接下来实验人员发现，在之后很长一段时间内，不做冥想的人大脑中的杏仁核区域活动剧烈，他们一直在经历强烈的情绪波动，完全沉浸在对疼痛的恼怒、提防之中，这种状态持续了很久才消失。

而经常做冥想的人在"嗷"了一声后，就没有明显的情绪波动了。被火燎的当下过去之后，他们的情绪不会被绑架，他们的休息当然也不会受到影响。

我们都知道，大脑的前额叶皮质是负责理性判断和自主选择的关键区域，有研究发现，长期进行冥想训练的人的大脑前额叶皮质中的灰质增加了。也就是说，通过冥想有可能获得更发达的前额叶皮质，从而让人能更好地控制自己的选择，尤其是不为情绪所干扰。

我更推荐在晚上临睡前做冥想，这样可以帮助自己卸掉一整天的压力，让自己快速入睡；这种活在当下的休息方式能让你不再有压力累积，并能以一个调整过的全新状态面对第二天的工作。

筋膜放松：联通精力复原网

按摩也是一种很好的放松方式，其中筋膜放松是一种特别的自我按摩方法。

筋膜是贯穿身体的一层结缔组织，包裹着肌肉、肌群、血管和神经。筋膜主要分为浅层筋膜和深层筋膜，它们绵延不断地贯穿于身体上下。

我在和朋友们聊天时总喜欢这样来解释：筋膜就是各种筋和膜相互联结，在人体中构成一张完整的纤维网络，它就像是包裹着全身的一层"四通八达"的膜。虽然这样说不太准确，但有助于我们更好地理解筋膜的特性。这层膜为什么能用于放松调节呢？运动"反馈—控制"机制是怎么建立的呢？

德国人类生物学家罗伯特·施莱普（Robert Schleip）发现，结缔组织的形变会间接引起肌肉收缩。就像人们所熟知的膝跳反射一样，它就是通过刺激股四头肌肌腱引起股四头肌收缩，出现伸膝动作，属于肌腱引起的腱反射（刺激肌腱、骨膜引起的肌肉收缩反应，因反射弧通过深部感受器，又称深反射或本体反射）。

有研究发现，筋膜可以独立收缩，能够影响肌肉的力学性能。所以，用脚心踩着按摩球来回滚动时，能感受到全身的肌肉在慢慢放松下来。可以说，筋膜是一张牵一发而动全身的"精力复原网"，用得好，对身体恢复非常有帮助。

说到如何利用筋膜达到放松的效果，就要讲到一个工具：泡沫轴。

我曾经在网上看到过一期关于埃隆·马斯克（Elon Musk）的访谈。在访谈中，马斯克突然拿出了一个泡沫轴，放在后背滚动了起来。

这是一种非常先进的身体恢复方法，最早被用于职业运动员在高强度训练和比赛后的疲劳恢复。

长时间的肌肉紧张会引起后背肌肉、手臂肌肉等各部位肌肉的僵硬，一活动起来关节就发出"咔吱咔吱"的响声，这时就需要让紧张的肌肉放松下来，而最好的放松方式之一就是滚泡沫轴。

泡沫轴之所以能使紧张的肌肉得到放松，是因为它利用了身体自我抑制的原理：利用自身体重使泡沫轴在肌肉上产生一定压力时，肌肉张力便会增加，从而让肌腱位置的肌张力变化感受器——高尔基腱器官被激活，进而抑制位于肌肉纤维内的肌肉长度变化感受器——肌梭，由此降低该组肌肉及肌腱的张力，最终放松肌肉、恢复肌肉功能性长度并提高肌肉的功能性。

有人看到这里可能会说：降低肌肉张力用拉伸的方式不就可以了吗？拉伸增加的是肌肉的长度，而筋膜按摩可以调整肌肉的紧张状态。我们的肌肉不只需要强壮，还需要柔软，这样才能保证身体和精力始终处于最佳状态。

需要特别强调的是，用泡沫轴直接在肌肉上滚动能加快血液循环、加速代谢物吸收，更能减少筋膜组织粘连及疤痕组织堆积，对保持一个姿势久坐不动的上班族来说，再实用不过了。

长期伏案不运动的人的后背筋膜组织呈粘连状，肩背部肌肉处于紧张和错位状态，时间久了就变成了圆肩弓背。这种状况不是单靠举铁、跑步训练就可以解决的，一定要先把各部位的肌肉都放松开。我给饱瘦训练营的学员上课时，都会安排 10～15 分钟的筋膜按摩时间，让全身肌肉放松之后再开始运动。这个准备工作不需要别人帮助就可以完成，一定要做得充分。

可能有人会问：为什么不让别人帮忙用泡沫轴按摩呢？用泡沫轴按摩是一个非常享受的过程，由他人操作反而会容易因力度不好把握而达不到预期的效果。

用泡沫轴给自己按摩时，要清空大脑、抛开杂念，把注意力集中在皮肤或肌肉上，要用心去体会和感知，感受身体哪里有痛点，慢慢地在痛点上滚动。

这种方式不只适用于运动前和运动后，平时工作中的休息时间也可以使用。除了泡沫轴，站起来用全身重力踩一踩按摩球也有很好的放松效果，而且更加便捷。

使用泡沫轴放松的技巧主要有以下两种。

1. 静态放松方法：将泡沫轴放置在需要进行放松的肌肉上，慢慢滚动到最敏感的痛点位置，停留 30～60 秒，直到疼痛程度降低 50% 以上，再换到另一个痛点。

2. 动态放松方法：将需要进行放松的肌肉置于泡沫轴上，利用自身体重反复在泡沫轴上缓缓滚动 10～15 次。

筋膜"网络"的改善是一个缓慢而持续的过程，一定要坚持按摩放松，即使每周只安排 2 次、每次几分钟针对筋膜的训练，只要方法得当，也会有效果。当然，要感受到明显的效果可能需要比较长的时间，往往需要 6～48 个月，这比肌肉力量训练需要的时间多。

四种碎片化养生方式

冥想锻炼的是心智"活在当下""去留随意"的能力，对脑力劳动者来说，就像安装了格式化软件一样，让大脑常用常新。

还有一些我们平时不经意间采用的、没有赋予其休息意义的方式，也可以被提升到"战略性休息"的高度上，增加大脑的休息弹性。

第一种方式，散步。

如果我们留心很多著名作家和思想家的经历，会发现他们往往有几个共同的喜好。

一是泡咖啡馆——仿佛咖啡馆就是灵感触发地，作家们好像都喜欢坐在咖啡馆里奋笔疾书。二是散步。苏格拉底、康德、萨特都喜欢一边散步一边思考。三是参加沙龙聚会，从 18 世纪法国非常著名的贵妇沙龙到 20 世纪我国的"太太的客厅"，都是信息交流、思想交锋的场所。

后两点对于我们现代人同样适用。

首先来说散步。美国斯坦福大学的学者在 2014 年发表的一项研究表明，在户外散步时，一个人的创造性水平比在室内坐着时平均高出 60%。散步在活动肢体的同时，可以让身体得到积极的放松和休息，还可以增加大脑的供血量。更重要的是，散步给持续紧绷的大脑提供了一个恰到好处的"打扰"——暂时中断当下的工作，适度清空缓存信息。

第二种方式，和朋友聚会聊天。

和朋友围在桌旁喝酒、吃菜、聊天，没有业务压力，也没有功利心，只是闲谈，在吸收营养的同时还可以增进感情，缓解自己的孤独状态，不失为一种很好的放松、减压方式。

第三种方式，回到大自然中去。

经常听到有孩子的朋友说，孩子在家里和在大自然中完全是两种状态。在大自然中，孩子的天性得到了释放，笑容也比平时灿烂，而亲近大自然对孩子的情感、智力、身体都有好处。每天身处喧嚣浮躁的都市中的我们，更需要经常亲近大自然。大自然可以倾听我们的心声，容纳我们的所有情绪。大自然带给我们的放松效果是深刻而长久的。

如果我们无法随时回到大自然中去，也可以用欣赏山川美景图片的方式来替代。在办公室中摆放一幅风景画或者把电脑桌面设置成怡人的风景图，都是不错的选择。

第四种方式，休假。

集中一段时间放假休息，对于消除压力、补充精力是非常必要的。

但是，要选好休假的时机。

例如，在签完一笔大单、集中攻克一个项目等需要集中消耗精力的工作完成后，给自己一个对等的时间休息一下，让疲惫的身心得以恢复。

休假时长 7~10 天比较适宜。这样的"充电"完成后，你在之后一个月左右的时间内都不会感觉疲惫。

休假期间的日程不要安排得太满，可以选择一些轻松又健康的休闲方式。比如听音乐、做瑜伽、爬山等，尽量不要选择长时间上网、刷连续剧、打游戏这类既刺激又消耗注意力的活动。

第五章

精力心法

——变化的世界，不变的原则

心态是精力管理的基石

认清初心，保持专注

减少情绪内耗

让精力管理效率最大化

焦虑不源于未知，
而出于不自知

精力管理分为如何生成优质精力和如何优化使用精力。

关于优质精力的生成，离不开以下两点。

一是饮食。食物为人体精力系统提供"燃料"，优质的"燃料"是保证人们精力充沛的前提条件。

二是运动和休息。精力系统的每个齿轮精密润滑，才能把"油箱"中"燃料"的能量有效转化，并最大限度地利用起来，保证系统高效运转。同时，要合理休息，主动恢复，让系统保持高效、节能地运转，才能优化使用饮食提供的"燃料"，产生势能。

拥有同样充沛的精力、同等的运动量和休息时间、相同的饮食方式，为什么有的人容易感到疲惫、觉得自己忙忙碌碌却一事无成，而有的人在一天之内可以有充足的精力去完成工作、陪伴家人，还能发展一些自己的爱好、进行一些娱乐活动？因为不同的人在精力使用方式上存在着差别。科学地讲，要谈如何生成优质精力，就必须弄清楚怎样使用精力。

吃饭、运动、休息……都是精力的使用途径。

如何使用精力才高效呢？

从心态上做到认知清楚，知道自己要什么，也就是明白应该把精力用在哪些方面；知道怎么使用、怎么分配，是主动使用还是被动分配。

在想清楚这两个问题之后，就会发现，专注是最高效的使用精力的方式。

我有一名学员是一位"女强人型"女生。她特别爱跟人打赌，打赌的内容是自己每天减掉的体重。她经常可以在一两天内只喝水、不吃任何东西，在体重减少了 2~3 kg 后，就得意地在群里炫耀："我可以很轻松地控制自己的体重。"但只要她连续两顿暴饮暴食，体重很快就会回升。

努力节食和暴饮暴食的恶性循环就这样一直反复下去，而在饮食管理方面的混乱无序，在很大程度上也影响了她的精力状况。她很累，我看着她也累。

我忍不住问她："这样累不累？你想要的到底是什么？"

她说，她怕无聊、孤单，所以给自己确立了一堆目标，坚持运动和节食，想成为能保持好身材的"冻龄女人"；她不断地努力和奋斗，想取得事业上一个又一个的成功；她会学习许多新鲜知识，唯恐被时代"抛弃"；她也会与朋友们多聚会、多聊天，拓展自己的社交圈子。她每天就在各个目标之间纠结。

单独来看，这些目标中的每一个都不会过分消耗精力；但合在一起，如果她都想完成，需要极其充沛的精力才能做到。一旦处理不好，就会给她带来巨大的压力，让她疲惫不堪。

从她的话中，我能感受到她的焦虑，因为我之前也处于这样杂乱的状态。在这个过程中，我体验过各种各样的焦虑，有时也会隐隐觉得目前的生活不是自己真心想要的，但是为了取得成就、得到他人的认可，还是会选择忽略内心的声音，逼着自己完成这个、完成那个，胡乱忙碌，直至精力耗尽、疲惫不堪。

这种既要、又要、还要的心态，究其根源，是不知道自己到底要什么。

古人云："得其环中，以应无穷。"环中是什么？可以理解为靶心、圆心。我们都知道，从圆心发出的任何一条到圆周的半径长度都是相等的，也就是说，找到这个圆心，一切问题都有机会迎刃而解。

世事纷纷扰扰，欲望千变万化，从中找到核心目标非常关键。

坏情绪让你陷入糖瘾和脂肪瘾

我并不否认前文中那个女生的这种极具进取心的想法有积极作用，也不反对任何人选择这种生活方式，不停地为自己设定更高的目标。只是我必须指出，这种生活方式的一个副作用，就是容易引起情绪失控，导致精力散乱。另外，坏情绪还会让一个人更多地摄入对身体健康无益的食物，使身体变得肥胖。

成年人的大脑重量约为 1.37 ~ 1.45 kg，约占体重的 2.1%。但是，大脑需要消耗的能量占人体总能量的 20%，耗氧量占全身耗氧量的 25%，血流量占心脏输出总血量的 15%，一天流经大脑的血液约为 2000 L。

首先，大脑在处理压力和焦虑这种令人紧张的情绪时会高速运转，需要消耗巨大的能量。即使身体躺着不动，耗能总量也是非常大的，让人很容易产生饥饿感。

这时，稍不注意就会吃下过量的食物，增加身体负担，引起精力消耗。

另外，当我们压力大、感到焦虑时，会不自觉地想吃高糖高脂类食物。

无论是身体活动还是大脑运转，只要消耗了能量，产生了饥饿感，身体都会本能地对高脂高糖类食物产生渴望。这是因为糖和脂肪能刺激大脑分泌更多的多巴胺，而多巴胺是一种会让我们愉悦和亢奋的神经递质，能够有效地缓解压力和焦虑感。

如果压力和焦虑一直持续，我们就会对高脂高糖类食物逐渐产生依赖。不过，所有的依赖都有一个边际递减效应，也就是说，原来摄入 10 g糖或脂肪就能产生的愉悦感，会渐渐发展为需要摄入 20 g 甚至更多的糖或脂肪才能产生，这种现象会让我们进入一种难以停止的状态，逐渐养成糖瘾和脂肪瘾。

很多专家都认识到了这个问题的严重性。从基本原理来看，糖的成瘾性和人们对咖啡因、尼古丁、酒精等物质的依赖并没有太多不同。压力和焦虑的恶性循环导致人体摄入过量的糖和脂肪，引起肥胖，从而影响身体健康。

而且，上面说的两种情况往往会同时起作用，食欲增加和糖瘾、脂肪瘾还会产生叠加效应。

这种无法控制食欲的情绪失控，从根源上来说应当从心理层面寻找原因。

从我个人的经历来看，首先应该认真倾听内心的真实声音。这个声音不来自父母的期望、周围人的评价，也不来自社会的认可。它是你自己最真实的感受——你喜欢做什么、不喜欢做什么。

有人说不知道自己喜欢什么，可能是因为这样的人很少关注自己的身体，缺少与身体的有效沟通。可以每天进行深呼吸、冥想，和身体对话，逐渐建立身心的亲密联结。当然，这需要时间的积累。

还有一个简单的分辨方法：当你在做一件喜欢的事情时，你会特别开心，即使过程中消耗了很多时间和精力，你也依然乐在其中，而且你能感受到做这件事带来的内心能量的不断增长和强大。而当你在做一件不喜欢的事情时，你期待的是结果带来的成就感，以及"我终于完成了"的放松感，这种只以结果为驱动的事情大概率不是你喜欢的。

只有认清自己、知道自己是谁，喜欢什么、想要什么，为什么需要，你才可以对精力进行"断舍离"，放弃那些消耗精力而又对自身无益的杂念，保存更多的精力去做自己想做的事情。

比时间、金钱更宝贵的是注意力

信息科技的高速发展已经改变了我们和周围世界的互动方式，智能手机和互联网让人们时时刻刻"在线"。很多人经常在智能手机和电脑上同时运行多个社交软件，人们的注意力也因此难以集中。

有研究显示，成年人和青少年平均每天查看手机的次数高达 150 次以上，或者除去睡眠时间平均每 6 ~ 7 分钟就查看一次手机，甚至有很多人在找不到手机时会感到恐慌。就像罗振宇老师说的："为什么现在遗失手机的情况变少了？因为我们查看手机的次数变得太频繁了，几分钟就要查看一次。"

很多人早上起来的第一件事就是躺在床上看手机，然后在上厕所时看手机、在吃饭时看手机，不断把新信息输入大脑，生怕错过任何一条。虽说好奇心是创造力的源泉，但如果把好奇心都浪费在莫名其妙的"热闹"上，真的很可惜。

我们可以回想一下，每次把大量的信息填入大脑之后，我们是感觉精神状态更好了，还是更疲劳了？我的感觉是仿佛吃了一大堆食物，昏昏沉沉的。这些信息对大脑来说可能不是优质的"燃料"，而是负担，在慢慢吞噬、消耗我们的精力。

我们的注意力其实是非常稀缺的资源，一天 24 小时，能够集中起来的有效注意力时间可能只有 2～3 小时而已。如果我们把这些注意力再分散到不同的地方，分配给各种各样的信息，可能很难会有真正的收获。

面对四面八方涌来的过量信息，我们没有时间去思考、反思，甚至连放空发呆的时间都没有，只能任由各种情绪和观点带着思绪乱跑。

钱不是最重要的，因为它可以再赚；时间也不是最重要的，因为它本质上并不属于你，你只能试着与它做朋友，让它为你所用。你的注意力才是你所拥有的最重要、最宝贵的资源——从这个角度来看，人生其实是公平的，因为你的注意力确实是你自己可以做主的，除非你放弃主动权。

越专注，越轻松

提到多任务处理，我想用电脑来和我们的大脑做个比较。电脑从 20 世纪八九十年代我所听说的"386"台式机开始，直至升级到以 i9 为核心的台式机，CPU 从单核升级到现在的 24 核。在 30 多年的时间内，电脑的硬件每过几年就会全部进行一次升级换代。可是我们的大脑在这 30 多年内并不能在硬件上升级或更换，只能从软件上，也就是认知上不断升级。所以，我们的大脑无法达到电脑的多任务处理速度。

在亚当·格萨雷（Adam Gazzaley）和拉里·罗森（Larry Rosen）的《专注：把事情做到极致的艺术》（*The Distracted Mind*）一书中，作者通过大量的科学实验总结出人脑在多任务处理方面的特点。

第一个特点是，我们无法有效地并行处理两个需要高度集中注意力的任务，这一点决定了人脑多任务处理的不可实现性。我们可以轻松地从头背出 26 个英文字母，或者从 1 数到 26，但是尝试按照 A1、B2、C3、D4……这样的顺序背诵，就会发现难度增大了很多，因为这两个任务很难有效并行。这个尝试也引出了多任务处理的第二个特点，就是在不同的任务之间切换，会使得任务执行的精确性降低、速度变慢。

所以，重要的事情一定要专注地处理，不要把它和其他任务一起处理。否则，事情不但得不到最好的处理，还会有负面效应出现。我们身边最常见的例子就是在开车过程中因任务切换和注意力分散导致的车祸，轻则受伤，重则死亡。卡内基·梅隆大学的计算机科学、人机交互及设计教授兰迪·波许（Randy Pausch）曾经在轰动全球的《最后的演讲》（*The Last Lecture*）中提到过，我们的专注力资源是特别稀缺的，当我们做一件事被打断之后，再重新回去做这件事，恢复专注的时间为十分钟。显然，这个恢复时间是对精力的极大浪费。

基于节省精力的需要，可以总结出不建议进行多任务处理的任务类型：

> 较困难或需要大量思考的任务；
> 具有较大风险的任务；
> 有重要或较高价值的任务；
> 对处理时间有要求的任务。

可见，精力管理是好是坏，我们是可以自己掌控的。把最宝贵的注意力全部放在最重要的事情上，你的精力就得到了有效管理，做事效率也会大大提升。而要运用这种高效的精力使用方式，首先就要进行心态管理。

不着急、不逃避、不放弃

要看清自己是谁、自己要什么，不被情绪消耗，就要掌握心态管理中的三个核心要素：安心、真诚、认真。

安心，也就是去情绪化。

这一点是我在阅读《禅与摩托车维修艺术》（*Zen and the Art of Motorcycle Maintenance*）一书时受到的启示。

作者罗伯特·M.波西格（Robert M. Pirsig）发现，修理摩托车时你如果特别生气，就会连一个小小的零件都摆不好。你越愤怒，这个零件给你的反应也越愤怒；你越着急，它给你的反应也越着急。这种现象如同作用力与反作用力。你唯一可以做的就是安安静静地、专注地、安心地把它拆解，然后放回去。没有第二种解决方式。

这个例子告诉我们，一旦带着愤怒、急躁等负面情绪做事，人的精力一定会产生无谓的损耗，而在这种状态下是做不好事情的。

因此，想把事情做成、做好，就必须进行心态管理。而心态管理的关键，就是避免情绪化，在做事时保持安心、专注的状态。安心的心态是基础，本质上属于心理储备。

真诚，就是真实地面对人和事，不逃避。

有时我们不想直面自己的问题，总想逃避，或寻找其他的解决方案。结果往往是越寻找反而离原本的道路越远，越寻找越容易受到情绪困扰，最终发现走了太多弯路。

例如饮食，我们都知道不控制饮食根本无法减重，但为什么总是控制不住自己的嘴巴呢？也许并没有剖析过，自己是不是真的想去面对这个问题。

我有一个朋友原来在百度旗下担任产品经理的职务，后来辞职创业，做个人内容品牌。刚开始时，很多人并不看好她，觉得她资历尚浅、储备不足，也没有可以叫得响的作品，但这些都没有限制她的发展。在不到半年的时间内，她的自媒体公众号就有了上万名粉丝，她做出了两门复购率达 85% 的品牌课程以及五场成功的线下分享活动。

我们问她：凭借一个人的力量，怎么能在这么短的时间内做出这么好的成绩呢？

她说，她在一次线下分享时听到的一个学员的话，可以作为这个问题的答案。那个学员说："老师您确实没有那么多光环，但是您用真诚打动了我。内容的品质、作业的批改和群内的每一次回复，都让人感受到可贵的真诚，懂就是懂，不懂就去查，不受任何情绪干扰。"

这个朋友在短时间内能从白手起家到经营好自己的品牌，正因为她真诚面对自己的问题又真诚对待他人，不"玩虚的"，能把精力直接转化为效益。

我刚进入健身这一行时，所在的健身场馆中的教练大多是健身行业的资深人士，其中不少是国家级健美冠军，而我只是一名应届毕业生，像一张白纸。我的很多同事入行多年，非常有经验，总是能在与客户侃侃而谈的过程中成功推销出课程。而我却不知道怎么开口、怎么推销自己的课程——尽管每周我们都会学习销售技巧，还有朋友送给我很多讲解如何推销的光盘。

在我心里，当时有健身观念的大多是成功人士，例如知名企业的CEO、某跨国公司的总裁等，我觉得利用销售技巧向这些高端人士推销课程，是一种不可取的方法，我在他们面前有什么销售技巧可言呢？

于是，我在面对他们时，就会抱着"帮助对方解决问题"的心态来谈话。知道什么，就说什么。不知道的，承认自己的不足，查阅资料后再告诉对方。在课程之外，如果客户有关于健身的问题问我，我也会及时寻找解决方法并为其提供帮助。渐渐地，我凭借自己的"真诚"服务成了健身房授课时间最满的教练，业绩超过了老员工。

有时候，我们长时间做一件事情，会感到烦躁，会不由自主地产生焦虑情绪，这些情绪的产生可能是因为工作强度超过了自己正常能接受的程度，也就是说，烦躁不过是因为我们累了。其实这时休息一会儿，等恢复精力后就能"满血复活"了，就是这么简单。

这不只是对别人真诚，其实也是对自己真诚。面对问题时，会就是会，不会就是不会，而不是逃避或者打岔岔开。不给自己找任何理由和借口，遇到问题及时去面对、修正和解决，对错要分明。

先面对问题，才能找准解决问题的办法，不被情绪所左右，不在太多无关的事情上消耗过多精力。

对待每一件小事都保持认真的态度，也是管理好心态的一种有效途径。

我在北京银泰中心做健身教练时，遇到过一个印尼的学员和一个德国的学员，两个人上课的态度截然不同。印尼学员每次来上课都会迟到，而且常常穿着高跟鞋就来了，运动起来也很随意，所以，上课时她也总是会发生很多奇奇怪怪的状况。虽然每次课程结束时她都会给我 400 元小费，但作为教练，我完全不知道该怎样帮助她，而她好像也并不是真正想要做好健身这件事。整节课都应付了事，就像走过场似的，动作一带而过，也不提任何问题，最终的锻炼效果可想而知。

而德国学员是一名工程师，每次都按时按点来，每一个动作都会询问细节：要坚持多久？什么阶段会发生什么改变？作为教练，我被他认真的态度所感染，每次上课前都会更精心地准备课程，即便他没有给过小费。这名学员半年减掉了 10 kg 左右的体重，这个结果，正是他在一个个细节上的认真态度所带来的。

只有认真做一件事，才有可能获得好的反馈。否则，即便别人想要帮助你，都不知道从哪里着手，也很难有理想的结果。

就像我妈妈一直对我说，如果一个女人永远穿戴齐整、发型一丝不乱、皮鞋的鞋缝里面连一点尘土都没有，即使她一时不顺也不用担心，她一定是可以把日子过好的人。一个认真的人，没有什么事情是能难倒她的。

精力管理也是如此，一顿健康早餐、一个热身动作，都如同一颗颗螺丝。要想有质的改变，必须从拧螺丝这样的小事做起。细节决定成败，"结硬寨、打呆仗"，一步步把基础打好了，才能立于不败之地。所以，认真对待每一个细节才是能耗最低的方式。

精力管理是一个系统化行为，也是一个长期行为，不是一朝一夕可以完成的。

在精力管理的过程中，可能会在饮食上遇到问题，会在运动上遇到问题，会在身体疲劳上遇到问题……遇到问题就想要放弃或者逃避，就只能在原地停滞不前。安心、去情绪化，真诚面对问题，认真解决每一个细节，才有实现目标的可能。

需要克制坚持 = 必然半途而废

要想管理好精力，做好心态管理还不够，因为知易，行难。

懂得很多道理，遇到事情时还是会打退堂鼓，应该怎么办？

很多人可能都曾经问过自己一个问题：为什么自己总是半途而废？思来想去，原因通常都会被归结为不够坚持、不够努力。实际上，真的是这样吗？

在我看来，毅力和坚持都是伪概念，我也曾用这些概念来要求自己，但后来我主动从自己的词典里删除了这些词汇。为什么？

因为我意识到，如果一件事需要强迫自己去坚持，就说明自己根本不情愿做，处于一种对抗状态，在这种心态下怎么可能把事情做好？

我自己半途而废的学习经历就能说明这一点。

初中时，我一直是班上英语成绩最差的，老师发试卷时总是按照从高分到低分的顺序，每次我都是最后一个领试卷。记得老师还送过我一句话，让我羞愧难当："你身高最高，所以排队时站在最后，没想到领成绩也在最后。"受了这个刺激后，我打算好好学习英语，打个漂亮的翻身仗，不能再让老师"羞辱"我了。于是，我就开始努力、开始坚持，结果没两天就放弃了，因为我发现，想要去北京的体育学校上学，靠的不是英语成绩，还是直接转学更能解决我的困境。

所以说，如果一件事你觉得需要努力、需要坚持才行，这件事基本上从一开始就注定做不成。内心不愿意做的事情，怎么可能靠意志力做好，又怎么可能靠每天说服自己来做成呢？

想通了这个道理，我不再用"坚持"两个字来要求自己和学员，而会先从心理上解决根源问题，找到做好这件事的真正动力。我总结了不需要坚持就能做好事情的三个动力管理技巧：

第一，在做事前，先为这件事赋予重大意义；

第二，思考一下，如果不做这件事；会有哪些负面影响；

第三，为了减少个人随意性，通过团体互相监督、鼓励的方式进行学习。

请找到你的人生"祈祷语"

先来说说第一个技巧：无论做什么事情，在开始做之前，要想尽一切办法找到做这件事情的必要性，找到"非做不可"的重大意义。这些都是把事情做好的动力。

比如，我在工作之后接触到不少外国客户。和他们聊天、了解他们的身体状态、带领他们进行运动训练，这些经验极大地丰富了我的认知。曾经在学生时期抵触英语学习的我从中找到了学习英语的必要性和意义。每学习一个单词和一点语法知识，都让我觉得在教学中能更好地帮助客户，在沟通中能了解到新的知识。对我来说，学英语这件事不再需要依靠什么努力和坚持，它变成了一件有意义、有趣的事情。我每天翻查单词书，主动报名学习线上课程，根本停不下来。

记得一个来自德国的飞机工程师学员和我聊起空中客车A380，伴随着他的手势，加上零星能听懂的英语单词，我大概明白了这种飞机机舱有多大、时速有多快、为什么可以隐形，有时候看我一遍没有听明白，他会用简单的词再讲一遍。还有一个叫玛格丽特的西班牙女孩喜欢和我聊各种各样的酒，她告诉我只有产于巴黎以东不足 200 km 的一小块区域的香槟才算正宗的法国香槟，其他地方酿出来的香槟都算不上是"法国香槟"。Kappa 的意大利设计师和我聊设计，谈到了颜色搭配的平衡和美感，终于解开了一些让我困惑很久的问题：意大利人都喜欢穿这个色调吗？答案是"不是的"。一位 60 多岁的英国阿姨，非常规律地每周来做半小时有氧运动，来的时候就给我讲她今年又登上了全球哪些山峰，明年有什么旅行计划……

这些交流的快乐是不是让英语学习成了必需品和乐趣？一旦以这样的方式来决定自己做什么事情，苦哈哈的坚持和累死人的努力都烟消云散了，局面会变成什么样？——多有意思的事儿，学起来就停不下来啊！谁敢拦着我，我就跟谁急！

那么，在保持身体健康这件事上，我们怎样赋予它更大的意义呢？

按照我多年来的经验，没有人喜欢减肥这件事本身，大家都希望通过减肥来达到其他目的，例如被周围人接纳、得到别人的赞美，或是保持精力旺盛、提升工作效率等。无论属于哪一种，都要先找到背后的动机，发掘出对于自己最为重要的目的，让它成为自己不断前行的驱动力。

怎样找到这个驱动力呢？

我们可以通过下面这个练习去发现它。

第一步，请从表 5-1 中选出让你印象最深的十个词语，它们对你的人生而言是非常有价值和意义的，把这十个词语写在空白处。你可以在一个种类里选择多个词语，也可以一个都不选。

第二步，从所选出的十个词语中再找出三个现在对你来说最有意义的词，这三个词语可以反映出你现阶段生活中重要的方面。

第三步，用这三个词创造一个"祈祷语"，来表述一种可能的最佳生活方式，然后尝试着描绘出"祈祷语"所指引的生活情境。

表 5-1　体现人生价值和意义的词语

身体表现	疼痛	外貌
耐力	减轻	清瘦
心肺功能	无疼痛	美貌
力量	自由	舒服
爆发力	活动	自信
速度	动作	吸引力
恢复能力	功能	朝气蓬勃
个人极限	预防	强壮
健康	人际关系	能量
活力	家庭	精力充沛
长寿	承诺	获得力量
健康	责任感	安静
生活质量	给予	专注
存在感	联系	警觉
衰老	支持	活力
灵性	参与	热情
情感幸福	工作表现	挑战（新事物）
平衡	聚焦专注	发展
参与	高效	尝试
动机	生产力	开放
冷静	沟通	兴奋
幸福感	创造力	达成
满足	成功	挑战
乐观	组织	目标

　　第四步，一旦创造了"祈祷语"，就要在每天早上起床后把它大声读出来，让朗读"祈祷语"成为你早起后的例行仪式。也可以把它打印出来，贴在你的床头或桌子上，或者拍下来当作手机屏保。平时不只要在

心中默念它，还要想象自己按照这种方式生活所获得的益处，并将其视觉化。这样的做法就像自证预言一样，会让你充满动力地朝着目标方向前进。

我的一位学员 Cherry 是一名心理咨询师，在第一次拿到这张表格时非常开心，她认为这是非常棒的心理辅助工具，特别愿意尝试。

第一步，她选择了"力量、自由、舒服、自信、吸引力、活力、满足、挑战、家庭、灵性"这十个词语。她觉得这十个词语对她来说特别重要。

第二步，她选择了"力量、家庭、挑战"这三个词语。她觉得有足够强的力量才能应对生活中纷繁复杂的状况，家庭是她人生中非常重要的部分，而挑战意味着她希望不断尝试新的体验。

第三步，她的"祈祷语"是——"我要通过健康的生活习惯，保证我拥有长期可持续的力量，能应对家庭和生活中不断出现的挑战。"

她觉得这句"祈祷语"保证了她的身心健康，只要她的状态趋于稳定，就能持续发挥自身的力量，以良好的姿态应对生活中的挑战，还能对周围的人产生正面影响。

而大声把"祈祷语"读出来这个充满仪式感的行为，让她在践行这句话时充满了动力。尤其是当她说到"力量"和"挑战"时，会感觉自己更有力量了。她告诉我，她第一次发现自己这么喜欢"健康"这个词！她开始不断地赋予"健康"两个字更多的积极意义，觉得自己更有力量去做想做的事情，把精力用在最有意义的地方，不再被负面的思维掌控。

"祈祷语"像一种积极的心理暗示，她每天都觉得这句话的可信程度越来越高，自己的人生有了明确的目标和行动方向，自己成了一个更靠谱的人。

虽然她最初的目标是减重，但在有了这句"祈祷语"后，她的目标已经不仅仅是减重了。一句"祈祷语"的影响在慢慢地扩大，渗透到她生活中的各个方面，改变了她的整个生活目标。她开始进行新的取舍，重新考虑和规划生活，发现有些原来认为非做不可的事情其实可以不做，例如泡吧、无效社交等，而她原来认为应该尽量减少时间的事情，反而应该增加其时间比重，例如做饭、运动和睡眠。

我们经常觉得，生活让我们疲惫不堪的原因是各种事务如同一团乱麻，自己找不到头绪、分不清主次。而 Cherry 通过这种方式，重新梳理了自己的生活节奏，也重新审视了自己的精力分配。她把健康放在第一个层次——有了健康，才能谈得上拥有力量并敢于面对挑战。于是，之前她认为难以做到的生活方式管理，成了拥有力量和面对挑战的重要背书。

这样坚持了不到两个月，她的身上发生了大量的变化，包括体重的变化、时间分配上的变化、对生活中很多事情的重要程度认知判断的变化。她觉得这些体验真是棒极了，她非常喜欢改变后的生活状态。

她告诉我，从第三天起，她尝试着为自己准备了一顿早餐，紧接着，一餐变成了两餐，后来一日三餐都是自己亲手做的。她不再点外卖，工作日也是自己准备便当带到公司。这个健康的生活习惯的养成居然在第一周就实现了，再加上随之而来的体重变化，让她更坚定了为自己做健康饮食的决心。

除此之外，她在诸多方面都发生了改变。

运动时间较以前有明显增加。原来需要开车去的短途行程都改为步行前往。每次运动前换装时，她就觉得情绪高涨，浑身充满了力量。

睡眠方面的改善也很明显。凌晨 1 点这样的超晚入睡时间已经减少到一个月最多一两次，而且她对困乏的敏感度逐渐增加，晚上 10 点就困的情况开始增多，大多在 10 点半到 11 点之间她就会自然入睡。

看起来，她的健康管理已经做得非常不错了。

她发现自己在其他方面也开始改变，把生活中的各种事项按照主次重新排序后，她的无力感越来越少，而掌控感越来越强，精力也比之前更为充沛，让她更愿意积极地应对挑战。

用了三个月左右，Cherry 在轻松、愉快、充满掌控感的节奏中实现了 10 kg 的减重目标。

现在来看，把其他人需要坚持和努力才能做成的事情变成"干脆停不下来""谁不让我做，我就跟谁急"的事情，在找到了它的价值和意义之后，其实就没有那么难了。而在这种情绪状态中，精力的损耗程度会大大减少。

扔掉绳子，
恐惧会助你一臂之力

当然，寻找自己所做的事中哪些是有意义的，并找到做事的动力，这还只是动力管理的第一步。在"为它赋予重大意义"并找到做这件事的持续动力后，务必再强化一下"不做会怎样"的负面影响，制造"恐惧感"，成就这件事。

现在请拿出一张白纸，按照表 5-2 的格式写出你的答案，你可以花费几天甚至几个月的时间来做这件事。

表 5-2　遵循"祈祷语"与否的弊端和益处

	弊端	益处
不遵循"祈祷语"的生活方式		
遵循"祈祷语"的生活方式		

你可以参考以下两个问题来罗列弊端。

1. 如果我没有遵循"祈祷语",哪些事是我目前做不了的,甚至连一点尝试的机会都没有?

2. 这会让我在将来遇到什么困难、失去哪些机会?

需要说明的是,罗列完之后,再展开想象的翅膀,把可能发生的细节"栩栩如生"地写下来。

相信我,写完之后,你可能会被自己的答案吓到,这些触目惊心的细节会深深地植入你的大脑,你会被这些刚发现的细节"惊醒"。准确地说,写完之后,答案带来的恐惧会深深地埋进你的潜意识里,随时警示你:要赶紧行动,否则就会失去很多机会,就会被淘汰。

还是用 Cherry 的例子来聊聊她所选的第一个关键词——健康。

在"得到"App 开设专栏的刘润老师早期在微软工作时,每天都保持手机 24 小时开机,全天候备战。在这种工作强度下,如果没有一个健康的身体,自然就容易被淘汰,甚至没有任何翻盘的机会。其实在职场中,很多人被淘汰不是因为学历、成绩、智商、经验不足,而是体力这一关就过不了。体力跟不上,还谈什么绝对竞争力呢!

我曾经工作的健身房在北京国贸的 CBD,很多人来健身时,我都会先问他们一个问题:"你健身的目的是什么?减肥?塑身?"他们都说不是。有些人会开着玩笑说:"希望以后有升职的机会时能够牢牢抓住。"甚至还有人会说:"熬到升职前首先要活下来。我每天工作强度特别大,经常连轴转,没有足够的休息时间;工作期间需要做大量的决策判断,还要保证不出错,这些是对精力的极大挑战。"

我第一次听到这样的回答,来自一位某大公司的基层员工。后来,一位副总裁在和我聊天时,也谈到了同样的问题。他说,实际上很多人能够一路高升，并非因为他们比别人"神通广大"，而是因为他们体力好。尤其是在大家业务水平差不多的情况下，最终比的就是谁的身体好、谁能撑得久。他的健身诉求特别清晰，就是让自己保持良好的状态，以继续长久地在职场中生存。

其实很多行业中都存在这种现象，尤其是在那些员工"越老越值钱"的行业。如果一个人的基因好，比如徐小平老师（前文提到过，他家族遗传的心肺功能特别强），的确会在身体方面占有先天优势。如果一个人的基因没有那么好，知道自己身体弱，可以通过锻炼去改善、去强化，比如三国时期的司马懿每天勤练五禽戏，就是在有意识地弥补自己的先天不足之处。而如今不少职场人在有意识地进行刻意练习，目的是在需要做决策时始终保持头脑清醒，而不至于因为大脑血氧含量比较低，受身体状态所限，做出一个愚蠢的决策。更不要说因为身体不好，在通宵熬夜后出现心肌梗死等极端情况了。

在人生的每一次关键比赛中取得好成绩，这是我们每个人都期盼的。在比赛开始之前就丧失了比赛资格；比赛到中途前功尽弃，没有成绩；快到终点了，却感到筋疲力尽，失去了该有的名次……这些都不是我们想要的结果。只有在决定参与比赛之前，就清楚地考虑到事情的正反两面——令自己喜悦的和恐惧的方面，并找到可控的方式，才有可能取得胜利。

罗列出身体状况不佳所带来的各种灾难性后果，为自己的行为找到根源性的反向忧患"动力"，正向行为模式才会更加持久和稳固。

拿我自己来说，以前我做事情比较随性。经常是想去旅游了，头脑一热，就直接开车出门。吃什么、在哪住、什么时间返程，完全没有计划和准备。结果出门后所有的事情都要临时做决定，如安排吃住、寻找景点等，光用手机查找信息就花费了大量的时间。

有一天，我突然心血来潮，计算了一下在每件事上花费的时间，结果发现，有提前计划的事情，往往只需要做一遍，例如买机票，而没有事先做好计划、临时做决定的事情，至少要反复确认三遍。即使按照每天重复同一件事情的时间为五分钟来算，这个时间成本也是一个庞大的数字！这个计算结果把我吓坏了，我根本承受不起这样的时间成本和心理成本。

　　并不是我不知道做事情有计划性的好处，但我之前一直没有足够的动力做出改变，而最后能够让我"痛改前非"的就是恐惧感。所以，做一件事情时，不妨试着利用恐惧感带给你的力量。

　　我印象最深的就是电影《蝙蝠侠：黑暗骑士崛起》中的一个场景：蝙蝠侠被困在井里，只有跳上对面的岩石才可以往上爬。他在往对面跳时，每次都在身上绑着一条安全绳来保护自己，但每次都没有跳跃成功。这时，旁边的智者说："扔掉绳子，恐惧会助你一臂之力。"于是，他扔掉了安全绳，背水一战，跳到了对面的岩石上，成功逃了出来。

　　所以，在你完成本节开头的步骤，写出自己的回答后，相信恐惧感也将助你一臂之力，帮你达成目标。

自律不可能完美，
他律事半功倍

最后一个重要的动力管理技巧就是通过社交来学习。

很多时候，人们懂得道理，但在做事时很难坚持下去。有时，有的人会给自己找一条退路，对自己说：随心所欲也很好。这种说法看上去好像也有道理，但事实上呢？

一个随心所欲的人，看上去很轻松、很自在，但其实这样的人通常稳定性很差。因为没有核心支撑，所以无法稳定地输出力量，做事容易半途而废，以致前期的很多付出打了水漂。

根据前文的分析可以看到，Cherry 如果没有做到有意识地去掌控自己，就不可能拥有健康的身体，更谈不上拥有健康的心态，她的稳定性肯定会大打折扣。把精力进行合理分配，才能稳定地发挥自己的力量，以良好的姿态应对生活中的各种挑战。

而另一个让 Cherry 坚持下去的动力，来自饱瘦训练营用户微信群这个微型社群带来的隐形影响和引导。在 Cherry 改变自己的过程中，我们几乎每天都有互动，我会询问群成员近期的安排和感受，也会在群里分享自己的心得。

社会学研究认为，生活在群体中的人们更加愿意模仿彼此的行为，并且在无意识中出现表达、行为模式的趋同性，说得简单些，也就是"近朱者赤，近墨者黑"。集体带来的无意识力量，能催化共性、弱化个性，潜移默化地引起个体行为的改变。

举个很简单的例子，如果你的朋友都是胖子，你很可能也会慢慢被"传染"成一个胖子。这可不是开玩笑，试想，胖子对于"肥胖"这个词是不是会有自己的理解？人对自己的接受度通常都比较高，并且往往人以群分，所以首先你的朋友会影响你对"肥胖"这个概念的理解。其次，更为重要的是，胖子有自己的生活习惯，例如吃夜宵、喝啤酒等。那么，如果你的朋友半夜喊你出去吃烤串、喝啤酒，你会断然拒绝吗？

同理，当你进入拥有某项技能的人群中，就会不由自主地发现并感受到，拥有这项技能是一件很普通、很自然的事情，没有它是不行的，甚至是完全行不通的。

这些想法和感受会极大地影响你的认知和行为，于是，在另一个时空里可能被你认为"很艰难""很痛苦""很难坚持""没有毅力根本做不完"的事情，在当下全都变成了"真好玩""停不下来""要是能多玩一会儿就更好了"的事情。可以说，参照系不同，认知和行为也截然不同。

有这样一句话："你的价值取决于你身边最亲密的五个人的平均值。"可见朋友圈的重要性。想要学会一件事情，可以说，在社交中学习是一种非常便捷的方式。

具体来说，你要想尽一切办法去找到已经拥有自己想拥有的某项技能的人和群体，这个人可以是身边的人，也可以是网友，群体可以是一个线上社群，也可以是一个线下活动群；找到以后，要融入这个群体，尽量与他们深入接触；如果不能一对一地交流，起码也要时刻关注他们的行为，了解他们的认知。

想要从"知道"继续前行，到达"做到"，一个自然又人性化的助力就是社交。积极观察别人如何行动，主动表达自己有什么困难，在群体中与别人沉浸式接触，有意识地去被潜移默化，向来是学习活动的组成部分。

去化解，而不是对抗

有一种说法认为，自控力可以被看作一种肌肉，越练越强。我们用生活中的事情加以验证，就会发现这种说法并不可取。

比如，一个天生自控力薄弱的人喜欢喝酒，越喝越迷恋喝酒的感觉，最后无法自拔，显然他的"自控力肌肉"根本就不起作用。

而生活中有些自控力很强的人也很爱喝酒，但是他们清楚喝酒会误事，平时可以做到滴酒不沾。结果偶然遇到挫折、精神崩溃了，打算喝点酒缓解压力时，一喝就"破功"了，很快变成了一个嗜酒的人。照上面那种说法，经过长时间的训练，"自控力肌肉"应该很强才对，怎么一下子就没用了呢？

可见，自控力的"肌肉说"并不可靠。

还有一种"模块说"，则提出了另一种自控理论——我们的大脑做出的每一个决定，都是各个模块的情感力量在强弱对比后产生的结果。

想要管住自己吃巧克力的欲望，就应该希望"不吃巧克力"这个模块的力量变强，而让模块变强的机制则是"满足感"。

比如，这次"吃巧克力"模块战胜了别的模块，成功地让你吃到了巧克力，你马上就能获得一种快乐的满足感。那么，在下一次各种力量抗衡时，"吃巧克力"模块的力量就会更强，别的模块就更难战胜它。

这个说法的模式可以总结为：在抗衡中取胜—获得快乐奖励—自身力量更强—在下次抗衡中更容易取胜。

这就是为什么有些欲望总是难以克制——一次次的满足只会让这种欲望一次比一次强烈，最后必须加大剂量才能满足它。这也解释了为什么一个戒酒很长时间的人，偶尔喝一次酒就马上又想喝酒，因为他的"喝酒"模块并没有失去力量，只不过之前一直被压制着而已。偶尔喝一次酒带来的巨大的满足感，就足以把它再次激活。

这也是为什么，要吸引一个人对游戏上瘾，最好的办法就是一开始让他赢，赢的次数越多，给他带来的满足感就越大，他就很容易陷进去，难以自拔。

以此推断，最好的自控方法应该是打断正反馈，不让相关模块获得即时的奖励和满足感。

耶鲁大学医学院的贾德森·布鲁尔（Judson Brewer）找来了一些烟民做戒烟实验，他教给这些烟民们一种四步戒烟法，缩写为"RAIN"——

第一步，识别感觉（Recognize the feeling）。当你想吸烟时，你要意识到，想吸烟是一种感觉。

第二步，接受这种感觉（Accept the feeling）。不要把这种感觉推开，不要与之对抗，要承认自己想吸烟，而且承认这是一种合理的感觉。

第三步，研究这种感觉（Investigate the feeling）。从旁观者的角度对这种感觉进行分析：它的力量有多强？是身体的哪个部分有吸烟的需求？这种感觉有"颜色"吗？是什么"材质"的？当你从各个角度去分析它时，你就会发现这种感觉不再是你的一部分了。你越分析它，它就离你越远。

第四步，感觉分离（Non-attachment）。你和这种感觉分开了，这时你已经不再想吸烟了。

实验结果表明，布鲁尔的"RAIN"戒烟法比美国肺脏协会推荐的传统戒烟法更有效。

这个方法对我"戒掉"玩电子游戏这个损耗精力的习惯有很大的帮助。有段时间我很喜欢电玩上的各种大型游戏，经常一玩就是几小时。刚开始玩时，我给自己设定的游戏时间是半小时，结果游戏中一个接一个的任务让我沉迷其中，游戏中的剧情一直在"召唤"自己，两小时后我依然停不下来，直到有非做不可的事情时才能放下手柄。玩游戏看似是在放松，实际上是在消耗注意力，结束后会感到更加疲惫困乏。更糟糕的是，这种沉迷游戏的情况每天都在重复发生。

我意识到这是损耗精力的不良习惯，想要改变它。起初我采取了用意志力压制、对抗的方式，一旦玩游戏的念头浮现，我就用意志力把它强压下去，但是越压制，这个念头出现的频率就越高。最后，意志力薄弱时，我只能选择妥协。

当我知道"RAIN"这种方法后，就尝试着用它去解决这个问题。让我惊喜的是，这种方法给我带来了意想不到的效果。当想玩游戏的念头出现时，首先要做的是识别这个念头；然后承认它是合理的，不对抗，接受它；接着，对这个念头进行分析：究竟是游戏的哪个方面吸引了我？是剧情，还是及时反馈给我的成就感？通过分析，我发现自己对游戏的剧情非常感兴趣，想通过玩游戏去了解和体验一个全新的世界，于是我在网上找到了游戏主播玩这个游戏的视频，用半小时、以倍速播放的方式看完它。这时，玩游戏的欲望就变得不再强烈了。这种方法让我明白了自己对游戏的兴趣所在——有创意的剧情，而剧情用不到一小时就能了解全部信息，根本不需要花费几十小时去通关。

这种对感觉的分析，让我发现了一个全新的解决问题的角度。就像如果你只知道煮鸡蛋这一种吃鸡蛋的方法，你每天就只能吃煮鸡蛋一样。只有当你有一天发现还有鸡蛋羹、煎鸡蛋等其他做法时，才能意识到自己还有更多的选择，你就从每天只吃煮鸡蛋的日子中跳出来了。

我经常听到很多食量大的人说，自己每天摄入大量的食物并不是为了满足胃的需求，而是为了缓解压力。正因为没有人告诉他们还有其他可以处理压力的方式，所以他们只能选择暴饮暴食。当我们用正念化解的方式，客观、中立地去分析这些压力时，也许会找到缓解压力的新角度、获得新认知，会发现运动、回到大自然、冥想等都是有效缓解压力并提升精力值的方法。

由此可见，在我眼中，训练意志力的方法是"对抗"，而获得正念的方法是"化解"。

其实我们面临的很多问题都是自控力薄弱造成的。比如，工作时爱走神，总想刷手机，最好的解决方法就是先承认自己想刷手机，然后闭上眼睛想想自己为什么想刷手机，分析一下"想刷手机"这种感觉到底属于什么性质……在分析的过程中，你可能就已经不想刷手机了，能收回心思继续进入工作状态，减少不必要的精力损耗。

如婴儿一般安心专注，吃干净的食物、做规律的运动、保证高质量的睡眠，这些看起来再平常不过的事情，是人的本能带来的最基本的需求，只是我们太容易忽视它们了。

先找回初心、保持专注，在精力管理的成功之路上，让我们一点一点往回走。

战胜负面情绪的抓手

姚乃琳在《大脑修复术》一书中介绍了四种改变负面情绪的方式，分别是认知行为疗法、社会支持、有氧运动和冥想。

认知行为疗法是通过认知改变带来情绪改变的方式。这种疗法通常需要寻求专业人士的支持，例如心理医生。根据我近几年的体验，并不是所有人都适合认知行为疗法。

曾经有位家长来找我，想让我带着她的孩子运动。她告诉我，孩子一个人住在加拿大，几乎没有社交圈子，一日三餐吃外卖，每月仅餐费一项的支出就超过一万元，她希望通过运动改变孩子的消极状态。听完家长的描述，我以为孩子只是因为生活封闭而相对消极、有一些暴饮暴食的不良习惯，但在和孩子见面聊天时，我发现他的手上有几处划痕，我意识到孩子已经患有比较严重的心理问题了。于是，我告诉孩子家长应该先寻求心理医生的帮助，但这位家长马上拒绝了，她不愿意承认孩子出现了心理问题，说只想通过运动来解决。

这样的家长不在少数，他们认为自己的孩子有心理问题是一件很丢面子的事情。导致这种现象普遍存在的一个重要原因是，目前全社会对于心理疾病还没有形成更宽容的环境，而这样的外部环境会导致认知行为疗法难以大规模普及。

社会支持是什么呢？是来自父母、爱人、朋友的理解、关爱和支持，甚至是来自陌生人的鼓励。

以我个人的经历来看，好的社会支持也很难实现。我曾经得过神经性皮炎，那段时间我心理压力特别大，从学校搬回家里住，不想见任何人。我的同学为了鼓励我，每天打电话问我什么时候回学校。我无法回答，因为当时该看的医生看了，该用的办法也用了，可病情依然不见好转。渐渐地，我不再接他的电话。

朋友的关心反而加重了我的焦虑，这是为什么呢？有一句话是这样说的："说出你的不开心，让我开心开心。"它看似是玩笑话，实则是有道理的。可能真正有效果的支持，首先来自别人比你"更惨"的经历，让你具备"人人都有艰难之处"的认知，再建立起"生如蚁，美如神"的信心。其次是默默的陪伴，而非评价和要求，如果能一起做些有意义或有趣的事情，效果会更好。

如果认知行为疗法和社会支持行不通，剩下的就是有氧运动和冥想了。找一种适合自己的运动项目，不断尝试让自己愉悦舒适的方法，将其打磨成掌控自己情绪的利器。

我的情绪改善利器就是跑步。之所以选择跑步，是因为我坐不住，动感的运动项目更适合我。在跑步的过程中，我会像在冥想时一样不断关注自己的呼吸，我把它叫作"动态冥想"。这也解释了为什么很多人跑步会上瘾。一是因为跑步让人分泌大量多巴胺，在缓解疲劳感的同时，使心情愉悦；二是因为一个人在跑步的过程中会一直关注自己的呼吸，这种"冥想态"将自己与外界隔离开来，让自身得到了滋养。

适应了动态冥想后，我又加入了"自己夸自己"的环节。每跑完一个一米半的目标，我就对自己说"你好有耐心，你好有耐力，我好喜欢你"。假设总跑量是一万米，在跑完全程后，我对自己的夸奖就多达6600多次，这种方法可以将信心一点一滴地灌注到自身，不失为一种自我支持和自我认知的新方式。

用自我认知替代认知行为疗法，用自我支持替代社会支持，加上有氧运动和动态冥想，我将四种方法融汇在跑步这一项运动中，久而久之，它就成了我改善负面情绪、掌控自我的抓手。

在纷繁复杂的世界中，细致观察，足够专注，找到适合自己的抓手去掌控自我，这一点至关重要。

掌控感比掌控更重要

掌控是一种能力，也是一种感受。如果你体会过这种感受，你就会愿意沉浸其中，并且想要更多。我们不停想要掌控的驱动力来自一种神经递质——多巴胺。斯坦福大学医学教授安娜·伦布克（Anna Lembke）在《成瘾：在放纵中寻找平衡》（*Dopamine Nation: Finding Balance in the Age of Indulgence*）一书中指出，多巴胺的主要作用不是让人在获得奖励后感到快乐，而是驱动获得奖励的动机。它促进的是"想要"，而不是"喜欢"。如果没有多巴胺，实验室里的基因工程小老鼠就不会去寻找食物，即使食物在嘴边，也会因为饥饿而死亡。多巴胺引导的奖赏回路随着目标达成不断得到加强，但如果目标长时间没有达成，多巴胺的驱动力会消失殆尽。

也就是说，奖赏回路的加强依赖于目标达成与否，所以目标设定是否合理就是极为关键的一环。如果目标远远超出一个人的能力范围，一直无法实现，就会导致驱动力消失，让人陷入掌控的反面——失控中。

我爸爸是国家篮球队前运动员，我从小就被认为在篮球方面具有天赋，背负着"超越爸爸"的期待长大，曾经懵懂的我也把进入国家队当成了人生的奋斗目标。进入国家篮球青少年队以后，我和很多高水平运动员一起集训。面对那些专业运动员，我明显力不从心，在比赛中屡屡失败。打不赢他们，我就无法进入国家队，这意味着我离超越爸爸的目标越来越远，我一次次陷入失控状态，最终彻底放弃了进入国家队的篮球梦。

多年后，在了解到多巴胺驱动回路的原理后，我明白当初的放弃是我的目标设定远远超出当时的能力范围，不断引发失控感造成的。如果我把进入国家队这个大目标按照实现路径拆分成一个个小目标，比如首先在队内担任主力，然后带队获得比赛前三名……通过小目标的实现不断加强多巴胺奖赏回路，让自己不断获得掌控感，或许我的篮球梦就能一直持续下去。

这种建立掌控感和驱动力的能力，在职场和生活中是非常重要的。

我在本书初版中提到过，我妈妈是一个非常擅长跑步的人，她加入了一个跑团，每天早上四点集合出操，不论春夏秋冬，一周能跑几十公里。基于多年的跑步训练，她的体力非常棒，很多年来我一直是她的手下败将。尤其是在高强度跑时，不论是 200 米还是 400 米，对我来说都难如登山。

但当我学会怎样设计目标从而获得掌控感时，我发现自己比她还能坚持。

有一次我去跑山，山路不像公路那样一马平川，路上尽是石头啊、草啊、树啊，我不得不把视线放在脚下一米半以内的距离。出乎意料的事情发生了，我不断超越一米半的目标，一个接一个，轻松到达了目的地。这次经历让我很兴奋，同时又担心它只是一次偶然情况，回家后我赶紧复盘，思来想去，差别就在于目标的设定上。我以前跑步总是盯着十米外的地方，甚至是终点，畏难情绪就先把自己打败了。而这次，面对一堆一米半的小目标，我一点儿心理负担都没有，逐渐建立起来的掌控感让自己信心大增。

为了验证这一方法是否真的有效，我又尝试在其他场地跑步，同样把目标设定为一米半处的草地、一米半处的井盖、一米半处的石子……就这样慢慢积累，越跑越轻松。

后来我和妈妈一起去跑山，我第一次在高难度跑步项目中超越了她。那是一条特别长的上坡路，她一心把终点当成目标，却始终看不到上坡的尽头，结果跑了不到一半就放弃了。反观我，我跑得不亦乐乎，从头到尾没停下来休息过。

其实，这和游戏关卡的设置是一个道理。拆解目标，建立掌控感（正向反馈），不断激励玩家完成下一个目标，直至通过最后一关。生活中的大事、小事，都可以按照这种方法重新设定目标。我们可以先评估自己的能力水平，然后把大目标拆解成一个个够得着的小目标，给自己设定完成时间，通过小目标的完成不断建立掌控感，激励自己继续向前，直至达成最终目标。

这个心法，我把它称作"一米半目标"：抬头看天，也要低头看路。

人们常说，失败乃成功之母。但过多的失败会不断带来失控感，反而会让我们放弃。凯文·凯利（Kevin Kelly）在《宝贵的人生建议：我希望早点知道的智慧》（*Excellent Advice for Living: Wisdom I Wish I'd Known Earlier*）中有句话让我感受颇深："成功最可靠的方法，是你自己定义成功。先射箭，然后在射中的地方，画一个靶心。"我们把人生拆解成无数个"一米半目标"，不断实现它们，其实就是在自己定义成功，从而把人生掌控在自己手中。

学员寄语

科学跑步收获能量满满。希望展晖教练帮助更多的人享受跑步带来的精力充沛的人生。
——王开超

愿展晖老师影响越来越多的人实现对人生的全面掌控，过上内心宁静和谐、身体轻松愉悦的生活。
——李菲

跟随展晖老师探索跑步的奥秘，让每一步都成为掌控生活的力量。
——朱卫

科学的训练方法，引领我们在奔跑中获得一个又一个惊喜。
——王晓燕

希望更多跑步爱好者在展晖教练的带领下，学习知识，科学运动，掌控人生。
——闲庭信步

愿我们一直跟着展晖老师的团队快乐地奔跑在时光中，掌控自己的人生，掌控未来的美好。

——晓琳

掌控的不仅仅是身体，更是工作、生活和未来！

——李彩云

从三分钟热度到六个月完成半马，找回自信、享受自由的感觉太棒了！

——高惠娟

从懒得动到活力女生，掌控身体和精力的感觉太幸福了！希望更多小伙伴跟随展晖老师一路跃迁。

——鹿

愿与更多正在经历焦虑、亚健康的朋友分享《掌控》，一起科学训练，掌控余生！

——钟东君

《掌控》让我明白恰恰是坚持让我选择放弃。现在我有更多精力去面对工作和生活，相信这本书也能帮助到你！

——陈剑波

要想生活过得好，掌控身体少不了！有了《掌控》，让我们的未来更美好。

——王桂玲

自 2020 年加入展晖老师的减肥营后我身心巨变，也得益于《掌控》一书的指导。

——王晓明

在管不住嘴和迈不开腿之间先打破后者，从被跑步支配变成掌控运动，享受充满活力的每一天。

——陈丽敏

《掌控》让我对身体进行精细化管理，从运动、饮食、休息、心态管理四个方面展开多维度改变。

——王琪俊

《掌控》让我明白人生最重要的事不是一生只有一次的事，而是每天不断重复的事。

——徐平澜

通过展晖老师的《掌控》，我一步步地认识自己的身体，改变自己的生活。

——Frank

会吃会动会偷懒，对生活、对自我越来越有掌控感。

——王英

高血糖曾让我无助迷茫，《掌控》像一座灯塔，带我重回健康和阳光。

——任李飞

我53岁学习跑步，七个月完成半马，58岁学会游泳和滑雪。人生不设限，生活充满掌控感。

——刘晓明-Lisa

公众号读者寄语

暑假里一口气读了两遍《掌控》，在跑步、饮食、睡眠、工作等方面都有幸学到了颠覆性的知识。到今天（12 月 6 日），我减重 14.9 斤，跑了一次线上半马。真的很感激展晖老师！

——高慧　广西

在近三年的训练中，我跑步成绩虽然一般般，但是敢于追赶出租车，站着有气质，这些都是《掌控》的"副产品"，想想都会在梦里笑醒。

——汶川王英　四川

《掌控》这本书我一直放在床头，我看过不下五遍，而且有疑问还会经常翻查，力图让自己可以践行书中的理论。

——-　广东

根据书中的饮食方案减肥，不会饿肚子也不会影响正常生活。有一天，女朋友说我看起来瘦了，那一瞬间我觉得读书真有用。

——momo　北京

我的母亲五年前去世，悲痛令我失眠、消沉。《掌控》这本书是我人生最低谷中的一束光，带给了我生命的转折，我想把这束光带给更多的人。

——徐朴　加拿大

这本书让我认真思考每一件事对自己的影响，把汇聚能量的事纳入生活，并且认真投入和感受。坚持一段时间，既会感受到暖意和舒适，运气也会变好。

——freedom | ▷·)))　北京

这本书让我开启了跑步不累的旅程，我的睡眠也有了明显的改善。我会继续坚持，只要我不辜负练习，相信练习也不会辜负我！

——黄兰　海南

《掌控》的底层逻辑很清楚——科学、实用、简单（基础重复）、有效。既颠覆认知，又上手即用。每一个章节都可单独让人受益，而且更容易迭代进生活中。

——J　天津

盲目的汗水不叫努力，叫瞎练；正确的方法才能有收获，让人感到轻松且不会受伤。

——河加呗　广东